QUILO DE CIENCIA

VOLUMEN IX

(2016)

JORGE LABORDA

QUILO DE CIENCIA

VOLUMEN IX

(2016)

Artículos de divulgación científica lo más informativos comprensibles y divertidos que un soñador pudo crear

TÍTULO:
Quilo de Ciencia Volumen IX (2016)

AUTOR:
Jorge Laborda

EDICIÓN Y COORDINACIÓN:
Jorge Laborda

MAQUETACIÓN:
Jorge Laborda

PORTADA:
Jorge Laborda

IMPRESIÓN:
Lulu

ISBN: 978-1-326-89686-7

ÍNDICE

DIETA DEL PADRE Y SALUD DE LOS HIJOS

El tipo de dieta ingerido por los padres antes de concebir a sus hijos afecta al funcionamiento de ciertos genes

SEGURAMENTE, NO NOS sorprenderemos si alguien nos dice que las condiciones de educación y alimentación que hemos vivido en la infancia pueden afectar a nuestra salud en la edad adulta. De hecho, numerosos estudios indican que esta afirmación es cierta. Lo que no creeremos con tanta facilidad es que la alimentación de nuestro padre antes de conocer a nuestra madre pueda también afectar a nuestra salud cuando adultos. Sin embargo, esto también es cierto. Sí, como lo lee, la vida de soltero de nuestro padre podría condicionar nuestra salud antes de nuestra propia concepción.

Varios estudios indican que esto sucede realmente en animales de laboratorio, aunque no suelen llevar una vida demasiado licenciosa, al no poder salir de sus jaulas a tomar copas o a cenar opíparamente, los pobres. Estos estudios han demostrado que el tipo de dieta administrado a los padres antes de concebir a sus hijos afecta al funcionamiento de ciertos genes que regulan el metabolismo. Por ejemplo, una dieta alta en grasa (DAG) administrada a los padres afecta al funcionamiento de las células productoras de insulina en sus hijas, si estas son ratas de laboratorio. Igualmente, los hijos de ratones macho sometidos a una dieta baja en proteínas muestran alteraciones en la síntesis de colesterol por el hígado.

Estos estudios muestran que cambios capaces de modificar el funcionamiento de los genes de la prole son inducidos en los espermatozoides por la dieta. Se ha averiguado que estos cambios son, en parte, debidos a modificaciones químicas en el ADN, o en las proteínas que lo mantienen organizado en los cromosomas. Se trata de modificaciones epigenéticas (palabra que literalmente significa "sobre los genes").

Además de las modificaciones químicas del ADN, otra hipótesis que se ha contemplado para explicar cómo la dieta podría afectar al funcionamiento de los genes desde el esperma a los hijos mantiene que pequeños ARNs en el esperma podrían ser los culpables. Estos pequeños ARNs, llamados micro ARNs, son fragmentos cortos de ácido ribonucleico, el otro ácido nucleico compañero del ADN, involucrado en la transmisión de la información de los genes para la producción de proteínas. Los micro ARNs pueden afectar a la manera en que los genes producen proteínas de varias maneras, una de las cuales es también facilitar los cambios epigenéticos de naturaleza química en ADN y proteínas que lo regulan; otra, afectar a la forma en que los ARNs mensajeros son utilizados por los ribosomas para la producción de proteínas.

DE PADRES A HIJOS

Ahora, dos grupos de investigación estudian si esta hipótesis podría ser en cierta ratones de laboratorio. El primero de los grupos[1], liderado por investigadores de la Universidad de Pekín, China, estudia el efecto de una DAG (60% de las calorías en forma de grasa) en comparación con una dieta normal (solo 10% de las calorías en forma de grasa) administrada a los padres. Los científicos comprobaron que los ratones macho alimentados con una DAG por seis meses desde las cinco semanas de edad se convirtieron en obesos y mostraron resistencia a la insulina, es decir, desarrollaron diabetes de tipo 2.

Para analizar si estos cambios afectaban al esperma y, a su vez, a su prole, los investigadores obtuvieron las cabezas de los espermatozoides de estos ratones, fecundaron con ellas, in vitro, a óvulos procedentes de hembras alimentadas normalmente, y los implantaron en hembras hormonalmente condicionadas. La fecundación in vitro se realizó para evitar posibles cambios en el ADN de los espermatozoides que podrían ser causados por feromonas u otras hormonas sexuales a las que los machos podrían estar expuestos en una relación sexual normal.

Los ratones generados de este modo no mostraron diferencias apreciables de peso con los normales las primeras dieciséis semanas de edad (los ratones viven algo más de 100 semanas). Sin embargo, sí desarrollaron resistencia a la insulina y una menor tolerancia a la glucosa desde las siete

---

1 Chen et al., Science 10.1126/science.aad7977 (2015).

semanas, la cual empeoró con la edad, y esto a pesar de ser alimentados con una dieta normal.

Una vez establecidas estas diferencias, los investigadores estudian si los ARNs pequeños presentes en los espermatozoides podrían ser los responsables. Para ello, extraen estos ARNs de los espermatozoides de ratones alimentados con una DAG y los inyectan en óvulos fecundados con esperma normal, que luego implantan en hembras para su desarrollo. De esta manera pretenden averiguar si los ratones generados así desarrollan el mismo tipo de problemas que los anteriores.

Pues bien, estos ratones sufrieron igualmente de problemas de tolerancia a la glucosa, pero no de resistencia a la insulina, lo que indicó que los ARNs pequeños eran responsables de uno de los problemas, pero no del otro. Otro tipo de mecanismos, como la metilación del ADN, también inducida por la dieta, podrían en este caso ser los responsables.

Los resultados del segundo estudio[2], liderado por investigadores de la Universidad de Massachusetts, indican igualmente que los ARNs pequeños también son en parte responsables de los efectos sobre la salud de los hijos de la dieta, en este caso baja en proteínas, administrada a los padres. Ambos trabajos, por tanto, demuestran que la dieta induce variaciones en los ARNs de los espermatozoides que permiten cambios transmisibles a la siguiente generación.

En conclusión, queridos futuros padres, no solo la dieta puede afectar a vuestra propia salud, sino también a la de vuestros futuros hijos. Un dato que, gracias a la ciencia, conocemos hoy y que permitirá tomar mejores decisiones sobre nuestro bienestar y el de nuestra familia, presente o futura.

3 de enero de 2016

---

2 Sharma et al., Science 10.1126/science.aad6780 (2015).

BIENVENIDOS AL ANTROPOCENO

Nuestro paso por la Tierra está modificándola geológicamente

LA CIENCIA SE plantea preguntas que no resulta siempre posible contestar y que tal vez quedarán siempre sin respuesta. Una de ellas es si existieron otras civilizaciones tecnológicamente avanzadas antes que la nuestra. ¿Desarrolló alguna especie de dinosaurio una civilización tecnológica antes de que la colisión con un meteorito los extinguiera hace 65 millones de años? Al fin y al cabo, los dinosaurios reinaron sobre la Tierra por más de 135 millones de años, tiempo más que suficiente para desarrollar no una, sino incluso varias civilizaciones avanzadas. ¿De ser así, habrían dejado estas civilizaciones algún signo que hubiera podido sobrevivir hasta nuestros días y pudiera servir de evidencia segura sobre su existencia?

Estas cuestiones nos conducen a otras, más dramáticas: ¿Dejará la especie humana alguna huella de su paso por la Tierra cuando ya se haya extinguido? ¿Serán las civilizaciones futuras, si las hay, capaces de averiguar que, antes que ellas, existió otra civilización avanzada hace millones de años?

La ciencia sí parece poder responder a esta pregunta, y la respuesta es afirmativa. Resulta que nuestro paso por la Tierra está modificándola geológicamente. El ser humano ha iniciado una nueva era geológica que dejará su huella en los estratos que se están formando hoy en el fondo de los océanos, o en los hielos continentales.

Lo anterior quiere decir que, aunque no sobrevivan fósiles de nuestra especie por mucho tiempo, ni tampoco artefactos tecnológicamente avanzados, lo que será seguramente el caso, otras huellas, estas indelebles, sí permanecerán para dar testimonio de nuestra existencia. ¿Qué huellas son estas?

Un nutrido grupo formado por veinticuatro investigadores de todos los continentes menos la Antártida, realizan una revisión exhaustiva de los efectos que están siendo causados por el ser humano en la Tierra, y publican sus conclusiones en la revista *Science*[1]. Los investigadores concluyen que, además del cambio climático, la actividad humana ha causado o está causando otras transformaciones significativas sobre la superficie del planeta.

Los depósitos geológicos recientes de origen humano ya muestran la presencia de materiales reveladores de que algo inusual está sucediendo. Así, estos depósitos contienen cantidades anómalas de plástico, de aluminio, y de minerales derivados del hormigón y el ladrillo (¡Tiene gracia! La gran contribución de España a la nueva era no pasará desapercibida). El consumo de combustibles fósiles ha diseminado partículas de carbón y cenizas inorgánicas por todo el planeta. Estas partículas quedarán también embebidas en los estratos que se están formando en la actualidad. Además, la producción y emisión de estos compuestos sigue aumentando, a pesar de diferentes acuerdos y convenios internacionales.

SIGNOS DE INHUMANIDAD

Los signos geoquímicos que dejarán su huella en los estratos para las futuras generaciones o especies inteligentes que puedan analizarlos no se limitan a los anteriores. Los estratos también contendrán cantidades elevadas de hidrocarburos aromáticos, de compuestos policlorados, de pesticidas, y de plomo, debido al empleo de gasolina con este aditivo desde el año 1945.

La cantidad de nitrógeno y de fósforo en el suelo se ha duplicado en el último siglo, debido al uso de fertilizantes en la agricultura. Estos elementos pueden detectarse ya en los estratos de los lagos y en los hielos de Groenlandia, a pesar de que no es allí precisamente donde más agricultura se practica. En esta gran isla, los niveles de nitratos son hoy superiores a los encontrados en los últimos 100.000 años.

Por supuesto, las guerras calientes y frías también han dejado su impronta. La detonación de miles de bombas atómicas sobre el planeta ha

1 Waters, C. et al. (2016). Science. Jan 8;351(6269):aad2622. doi: 10.1126/science.aad2622. https://www.sciencemag.org/content/351/6269/aad2622.abstract.

causado un aumento de carbono 14, de plutonio 239 y de otros elementos, que alcanzaron su máximo en 1964.

Las cantidades atmosféricas de CO_2 y metano comienzan a diferenciarse netamente de las típicas del Holoceno (era geológica que comenzó hace 11.784 años) a partir de 1850, y más marcadamente aún a partir de 1950. Estos gases causan, como sabemos, un incremento de la temperatura media del planeta, la cual –por mecanismos que no podemos explicar aquí por falta de espacio– afecta a la distribución de los isótopos del carbono y del oxígeno en los seres vivos y en los hielos continentales, respectivamente. Así, la cantidad del isótopo 18 del oxígeno ha aumentado en los hielos de Groenlandia a partir de 1900. Este cambio isotópico dejará también su huella en los estratos de hielo planetarios.

La actividad humana está causando igualmente una de las mayores extinciones masivas de la historia de la Tierra. Además, algunas especies están pasando de manera completamente artificial de unos continentes a otros gracias al transporte aéreo o marítimo, y también gracias a la agricultura o a la pesca, lo que dejará igualmente una huella marcada en la evolución de la vida sobre la Tierra.

Los investigadores defienden que todos estos cambios inician una nueva era geológica sobre nuestro planeta. Esta nueva era geológica, que pone fin al Holoceno, se ha denominado Antropoceno. Los investigadores sugieren como fecha inequívoca para el inicio de esta nueva era el año 1950 del siglo pasado, aunque bien pudo iniciarse antes, incuso ya en el siglo XIX con la revolución industrial.

Así pues, debido a estos indiscutibles indicios, no solo podemos decir con seguridad que estamos viviendo el inicio de una nueva era geológica, sino que también podemos decir con mayor certeza que los dinosaurios, u otras clases de animales, no desarrollaron una civilización tan tecnológicamente avanzada como la nuestra, o las huellas de su paso por la Tierra hubieran quedado patentes en el planeta y ahora, gracias a la ciencia, probablemente ya las hubiéramos detectado.

La aparición de nuestra especie parece ser, por tanto, un importante punto de inflexión en la historia terrestre. Somos polvo en el viento, pero cuando el viento para, el polvo permanece.

10 de enero de 2016

ATRACCIÓN FETAL

La Naturaleza ha ido aprendiendo hasta alcanzar el alto grado de sabiduría que hoy posee

NO REVELARÉ NADA nuevo al decir que la hemoglobina es la proteína contenida en los glóbulos rojos encargada de captar el oxígeno en los pulmones y de transportarlo a los tejidos del organismo. La hemoglobina multiplica por siete la capacidad transportadora de oxígeno de la sangre, por lo que resulta vital para que animales tan grandes como las ballenas puedan disponer de oxígeno en todos los lugares de sus cuerpos.

Tal vez menos conocido sea el hecho de que la hemoglobina está formada por la unión de cuatro cadenas de proteína producidas por genes diferentes. A estas moléculas se les llama subunidades de la hemoglobina. Tenemos, en primer lugar, la cadena proteica alfa, de la que la hemoglobina posee dos subunidades. A estas dos se le unen otras dos subunidades de la cadena llamada beta. Así, la hemoglobina es un tetrámero (del griego: cuatro unidades) alfa2-beta2.

Probablemente aún menos conocido es que la hemoglobina fetal es diferente de la adulta. La hemoglobina del feto en desarrollo también está formada por cuatro subunidades, pero a las dos subunidades alfa se les unen dos subunidades de otra cadena proteica, producida por un gen diferente, llamada cadena gamma. La hemoglobina fetal es un tetrámero alfa2-gamma2.

¿Por qué sucede esto? ¿Por qué no puede la hemoglobina fetal ser la misma que la adulta?

La razón es fácil de comprender. Como sabemos, el feto no respira aire, al estar dentro del útero y bañado por el líquido amniótico, y debe obtener el oxígeno que necesita a partir de la sangre de la madre. Por esta razón, el feto necesita una hemoglobina que atraiga con más fuerza al oxígeno que la hemoglobina de la madre. Solo de este modo, la hemoglobina del feto puede "robar" el oxígeno a la hemoglobina de la madre y quedárselo, para trasportarlo a los órganos en crecimiento.

Tras el nacimiento, sin embargo, la hemoglobina fetal se convierte en un problema. Las mayores necesidades de oxígeno debido al movimiento hacen que esta hemoglobina, que se une con fuerza al oxígeno captado en los pulmones, no lo ceda ahora a las células que lo necesitan con la debida diligencia. La hemoglobina fetal no está adaptada a las necesidades de la vida extrauterina. Afortunadamente, a lo largo de la evolución, la Naturaleza ha ido aprendiendo hasta alcanzar el alto grado de sabiduría que hoy posee. Esta sabiduría consigue que los organismos "apaguen" el gen que produce la cadena gamma de la hemoglobina fetal y "enciendan" el gen que produce la cadena beta: la hemoglobina fetal desaparece de la circulación y aparece la hemoglobina adulta, la cual, puesto que atrae con menos fuerza al oxígeno –aunque aún con la necesaria–, una vez captado en los pulmones lo cede con más facilidad a los tejidos y órganos.

MUTACIONES

Sin embargo, en algunos casos, es posible que el recién nacido posea mutaciones perniciosas en los genes que producen la cadena beta de la hemoglobina, las cuales conducirán a la producción de una hemoglobina defectuosa que no podrá transportar adecuadamente el oxígeno, lo que generará los síntomas de una anemia. Se producen las llamadas hemoglobinopatías, en lenguaje médico. Por ejemplo, una mutación particular en el gen de la cadena beta de la hemoglobina produce la llamada anemia falciforme, caracterizada porque la hemoglobina defectuosa deforma a los glóbulos rojos, confiriéndoles un aspecto de hoz (de ahí lo de falciforme). Estos glóbulos rojos son destruidos con mayor rapidez por el bazo y el hígado, lo que genera la anemia, además de otros graves problemas debido a la oclusión de capilares.

Otras enfermedades producidas por defectos en los genes de las cadenas de la hemoglobina son las denominadas talasemias o "anemias del mar" (palabra derivada de "Talasa", diosa del mar de la mitología griega, por ser las talasemias comunes en los países del Mediterráneo). La más común de las talasemias es también la que resulta de mutaciones en los genes de la cadena beta de la hemoglobina, por lo que se llama beta talasemia. Se estima que alrededor de 80 millones de personas son portadoras de una mutación que podría causar la beta talasemia si es heredada de ambos progenitores.

En el caso de estos enfermos, se ha detectado un incremento de la presencia de hemoglobina fetal en su sangre. Es como si el cuerpo intentara sobrevivir produciendo una hemoglobina que funciona mejor que la hemoglobina mutada adulta, aunque no lo haga de manera óptima.

Estos conocimientos indican que algunas anemias y talasemias podrían ser tratadas mediante el "encendido" de los genes de la hemoglobina fetal gamma, que se apagan tras el nacimiento. El problema es que no sabemos con certeza por qué mecanismo molecular se apagan estos genes, lo que es necesario para poder intervenir sobre él, revirtiéndolo en el caso de estos pacientes.

Ahora, un grupo de investigadores, dirigidos por el Dr. Takahiro Maeda, de la Universidad de Harvard[1], descubren que una proteína, llamada LRF, perteneciente a la familia de los factores de transcripción, es decir, de las proteínas que regulan el funcionamiento del ADN para producir todas las proteínas que las células necesitan, es uno de los principales responsables del apagado del gen de la cadena gamma de la hemoglobina. Estos resultados han sido publicados en el último número de la prestigiosa revista *Science.*

Este descubrimiento permitirá el desarrollo de nuevos fármacos que impidan la actividad de LRF, lo que conducirá a la producción de hemoglobina fetal en aquellos adultos carentes de una cadena beta normal de la hemoglobina. Esperemos que esta esperanza se convierta pronto en realidad.

17 de enero de 2016

1 Masuda, T. et al. Transcription factors LRF and BCL11A independently repress expression of fetal hemoglobin. Science 15 january 2016 • Vol 351 Issue 6270 pp. 285.

ICEBERGS GIGANTES Y CALENTAMIENTO GLOBAL

¿Cuál es la influencia ejercida por estos icebergs en la captura del CO_2 por el océano sur?

EN ESTE ARTÍCULO vamos a hablar acerca del efecto de los icebergs gigantes sobre la captura de CO_2 por el océano, en particular por el Océano del Sur, el que rodea a la Antártida. Explicaremos qué efectos están ejerciendo estas inmensas moles de hielo que se desprenden de la Antártida sobre el calentamiento global y si este conocimiento puede sernos útil para modularlo.

Los investigadores que realizan este trabajo, los cuales trabajan en la Universidad de Sheffield, en el Reino Unido, ya eran conocedores del algo sorprendente hecho de que el crecimiento de algas y fitoplancton es estimulado por los icebergs que se desprendían de la Antártida.

Este crecimiento supone una captura de CO_2 atmosférico gracias a la fotosíntesis realizada por estos organismos. Recordemos que la fotosíntesis no resulta finalmente en otra cosa que en combinar CO_2 y H_2O para formar hidratos de carbono, eliminando en el proceso una molécula de oxígeno.

De esta forma la fotosíntesis captura un átomo de carbono por molécula de agua, separándolo de los dos oxígenos que lleva unidos. Este proceso, por tanto, no solo es bueno porque genera alimento en forma de vegetales y plancton, sino que lo es también por su capacidad de eliminación de CO2 de la atmósfera.

Muy bien, pero, ¿por qué los icebergs causan un aumento del crecimiento de las algas y del fitoplancton?

Resulta que los icebergs provienen de un acúmulo de hielo caído sobre el continente antártico debido a las nevadas. Esa nieve entra en contacto con la tierra del continente y con el polvo atmosférico y se enriquece en elementos químicos que actúan exactamente como un abono para el fitoplancton y las algas.

En particular, los icebergs se han enriquecido en hierro. La falta de hierro, precisamente, es uno de los elementos que más limita el crecimiento vegetal en el océano. La razón es que el hierro es necesario para las proteínas de la cadena de trasporte electrónico que requiere el proceso de fotosíntesis, por lo que, sin hierro abundante, la fotosíntesis es mucho más limitada.

De hecho, el océano del sur, que rodea la Antártida, contribuye en un 10% a la captura global de carbono atmosférico, pero esta contribución, aunque parece importante, es menor que la de los océanos Índico y Pacífico Sur, que son más pequeños en extensión. Esto se cree que es debido a que el Océano del Sur recibe menor cantidad de hierro desde los continentes.

Sin embargo, los icebergs, al desprenderse del continente e irse fundiendo lentamente en el océano, van liberando los elementos químicos en los que se han enriquecido, en particular el hierro, y esto podría estimular el crecimiento del fitoplancton.

Los investigadores deciden estudiar el efecto de los icebergs gigantes, considerados estos como mayores de 18 km en longitud. Para realizar este estudio, los científicos estudian 175 imágenes de satélite en color que siguen las trayectorias de 17 icebergs gigantes desprendidos desde 2003 a 2013.

Las imágenes en color recogen las estelas de fitoplancton cuyo crecimiento es estimulado por los icebergs. Eso da una tonalidad verde al océano, y también el océano aparece como si tuviera un fino polvo en suspensión, como si tuviera lodo, pero en realidad es el fitoplancton que flota sobre la superficie del mismo.

Los investigadores detectan un sustancial incremento en los niveles de clorofila del océano, que se extienden por cientos de kilómetros a lo largo de la estela dejada por el iceberg y que pueden perdurar hasta un mes después de su paso, hasta que el hierro y otros nutrientes son utilizados y vuelven a desaparecer el océano, lo que limita el crecimiento del plancton.

Estos datos incrementan por un factor de diez la influencia determinada por medidas realizadas en barcos oceanográficos, debido a que el máximo de crecimiento del fitoplancton no se produce cerca del iceberg, donde normalmente hacen las medidas los barcos, sino cientos de kilómetros después de que este ha pasado.

De acuerdo a estos datos, ¿cuál es la influencia ejercida por estos icebergs en la captura del CO_2 por el océano sur? Los investigadores estiman que el 20% de todo el CO2 capturado por este océano se debe a los efectos de estos icebergs gigantes. Estos datos han sido publicados en la revista *Nature Geoscience*[1].

¿Qué va a pasar el en futuro? Curiosamente se estima que ha habido un incremento de la cantidad de icebergs gigantes que se han desprendido de la Antártida debido al calentamiento global: un 5% de incremento en las dos últimas décadas. Si este continúa, se desprenderán aún más icebergs gigantes, lo que tendrá el efecto positivo de aumentar la captura de carbono y ralentizar el calentamiento global, aunque evidentemente no lo frenará. Además, es posible que el aumento de agua dulce vertida al mar por el simple deshielo, fertilice de manera "natural" el océano del sur. Digo de manera "natural", entre comillas, porque esta fertilización es en realidad artificial, o mejor dicho causada por el deshielo inducido por la actividad humana.

Al hilo de esto, entramos en el debate. Se ha propuesto fertilizar el océano con hierro y otros micronutrientes para aumentar la producción de fitoplancton e incrementar de manera artificial la cantidad de CO2 capturado. Estas propuestas se han encontrado con serios obstáculos por las autoridades o grupos ecologistas, que las tachan de ingeniería planetaria y de las que afirman no se conocen las consecuencias con suficiente precisión.

Mientras lo anterior es cierto, la Humanidad sigue con su particular ingeniería planetaria sin planificación ni control. Sigue emitiendo gases a la atmósfera, desforestando, extinguiendo especies, etc., en una verdadera transformación planetaria. Hace unos días un artículo científico defendía que hemos entrado en una nueva era geológica que se denomina Antropoceno, iniciada por los efectos planetarios de la actividad humana.

A diferencia de lo que supondría la fertilización controlada de alguna parte de los océanos, con la intención razonada de limitar, en lugar de incrementar, el calentamiento global, parece que la Humanidad solo puede

1 Luis P. A. M. Duprat, Grant R. Bigg & David J. Wilton. Enhanced Southern Ocean marine productivity due to fertilization by giant icebergs. Nature Geoscience (2016) doi:10.1038/ngeo2633.

llevar a cabo actos individuales razonables y razonados, pero que conducen al desastre colectivo, en lugar de realizar actos colectivos, coordinados a nivel internacional, para limitar el desastre al que nos lleva la suma de cada acto individual, por razonable que este pueda parecer (coger el coche, encender la luz, etc.).

Me gustaría con esto estimular la reflexión, aunque creo que la reflexión individual nunca nos conducirá a gran cosa para limitar el calentamiento global. Hacen falta resoluciones colectivas y respeto de las mismas por todos. Creo que esto no ha sucedido nunca en la historia. Si por algo nos caracterizamos, en general, como especie es por romper nuestros compromisos con los demás.

19 de enero de 2016

La Fisión De Las Mitocondrias

¿Cómo sabe la célula la salud molecular que posee en cada momento?

La vida secreta de las células es fascinante, además cuando esta vida no atañe solo a la célula como entidad, sino también a algunos de sus orgánulos, en particular de los que vamos a hablar hoy: las mitocondrias.

Las mitocondrias, como sabemos, son las plantas energéticas de las células, y generan la molécula energética más importante para los procesos bioquímicos celulares, el adenosíntrifosfato, o ATP. Esta molécula es el almacén de energía química necesaria para que se produzcan muchas reacciones metabólicas. Las mitocondrias provienen de un antiguo microorganismo que entró en simbiosis con otro, por lo que tienen su propio genoma.

Las investigaciones hasta hoy ya habían revelado que diversos estreses metabólicos que infligen daño a las mitocondrias inducen la fragmentación de estos orgánulos, lo que conduce a la degradación de los mismos, o incluso a la muerte de la célula por el proceso de apoptosis, o muerte celular programada.

La fragmentación de las mitocondrias permite el reciclado de aquellos componentes aún intactos, que pueden ser incorporados para formar nuevas mitocondrias sanas, así como la destrucción de los componentes dañados a productos más básicos que se pueden usar en el metabolismo o en la síntesis de nuevos componentes de las mitocondrias. Además, este proceso de fisión permite que la apoptosis, si ha de realizarse, se lleve a cabo de buena manera.

Es interesante el hecho de que la fragmentación de las mitocondrias también se produce en el caso de las enfermedades mitocondriales, causadas por mutaciones en genes de las mitocondrias. Estas enfermedades son muy variadas y raras, porque dependiendo de la distribución corporal y tisular de las mitocondrias mutadas se producen muy diversos síntomas.

Existe también el proceso de fusión mitocondrial. Al contrario que la fisión, la fusión de las mitocondrias permite la generación de más ATP y mantiene la salud metabólica celular.

¿Cómo sabe la célula la salud molecular que posee en cada momento? Para saberlo, hace falta al menos un sensor. Este sensor es un enzima que detecta los niveles del metabolismo del ATP. Cuando este se consume demasiado, es decir, cuando la célula consume demasiada energía para la que produce, se acumulan los productos de su metabolismo, en particular el adenosíndifosfato, ADP, que almacena la mitad de energía química que el ATP, y el adenosínmonofosfato, o AMP, el cual ya no almacena energía química.

Cuando se alcanzan determinados niveles críticos de AMP, que indican que la célula no posee energía suficiente para mantener activos los procesos vitales y es necesario urgentemente generar más ATP, el AMP es detectado por un enzima celular que se llama AMPK.

Este enzima normalmente está inactivo, pero el AMP lo activa y el enzima se pone a catalizar reacciones de fosforilación, es decir, a modificar químicamente a un número de proteínas añadiéndoles un grupo fosfato, similar al ácido fosfórico, que posee dos cargas negativas.

¿Qué proteínas son las modificadas por AMPK? Son, en general, los enzimas involucrados en el consumo de ATP y aquellos involucrados en su producción. Los primeros son inhibidos por AMPK, mientras que los segundos son estimulados. De esta manera, AMPK se convierte en un regulador maestro del consumo y la generación de ATP por parte de la célula.

INTEGRIDAD MITOCONDRIAL

Por supuesto, las mitocondrias son los orgánulos donde se produce la mayor parte del ATP celular. Su integridad es fundamental para ello. Lo que no se sabía era si AMPK participaba en el mantenimiento de la integridad de las mitocondrias, es decir, en conseguir una población de mitocondrias en la célula lo suficientemente sana como para producir el ATP necesario.

Para averiguarlo, investigadores del laboratorio de Biología Celular y Molecular del Instituto Howard Hughes, en la Jolla, de la Universidad de

Columbia, en Nueva York, y del Instituto de Tecnología de Pasadena, California, utilizan muy bien el método científico[1]. En primer lugar, tratan a células de osteosarcoma, que crecen bien en el laboratorio, con un inhibidor de la producción de ATP por las mitocondrias durante una hora. Observan fragmentación de las mitocondrias y rápida activación de AMPK. Luego, en efecto, si no se produce ATP, la AMPK se activa y esta activación está asociada a la fragmentación de las mitocondrias.

Para saber si es más que una simple asociación, sino también una relación causa-efecto, acto seguido los investigadores eliminan el gen de la AMPK en estas células tumorales mediante la tecnología CRISPR/Cas9. En este caso, ven que el efecto del inhibidor anterior no se ejerce, lo que quiere decir que para que la inhibición de la producción de ATP conduzca a la fragmentación de las mitocondrias, es necesaria la presencia del gen que produce la AMPK.

Por último, los investigadores activan de manera artificial la AMPK con un nuevo fármaco: A769662. (muchos nuevos fármacos tienen nombre de números de teléfono). De esta forma se engaña a la célula y se la hace "creer" que no tiene suficiente ATP. Comprueban así que la mera activación de este enzima ya conduce a la fragmentación de las mitocondrias.

Es posible que estos nuevos conocimientos puedan conducir a mejoras en el tratamiento de enfermedades mitocondriales. En todo caso, ilustran las maravillas de los mecanismos moleculares que pueblan el mundo de lo más pequeño, ese que se encuentra en el interior de todas nuestras células y que hace posible la vida.

21 de enero de 2016

1 Erin Quan Toyama et al. AMP-activated protein kinase mediates mitochondrial fission in response to energy stress. Science. 15 JANUARY 2016 • VOL 351 ISSUE 6270 pp. 275.

CIENCIA Y DESIGUALDAD: OTRA VERDAD INCÓMODA

Los datos son demoledores: en 2015 solo 62 personas poseían la misma riqueza que 3.600 millones

ESTA SEMANA LLAMÓ mi atención una noticia sobre el descubrimiento de que la manera en que muchos cánceres acumulan mutaciones a medida que evolucionan sigue una ley natural, llamada ley potencial[1]. Esto sucede cuando los tumores han adquirido las mutaciones necesarias para crecer de manera óptima y no existe ya ninguna otra que pueda conferirles ventajas adicionales. No obstante, debido a su rápido crecimiento, las mutaciones se siguen acumulando y se distribuyen de manera que unas pocas células del tumor acumulan muchas de ellas, pero la inmensa mayoría acumulan muy pocas. La conclusión de este estudio es que cuando las células tienen libertad para mutar y las mutaciones son neutras, es decir, no confieren ventajas, estas se acumulan de acuerdo a la distribución de frecuencias propia de la ley potencial.

Este descubrimiento hizo que me acordara de que la ley potencial se cumple en muchos otros fenómenos naturales. Por ejemplo, la masa de las estrellas se distribuye de modo que unas pocas son enormemente masivas, y muchísimas son mucho más pequeñas. El caudal de los ríos sigue una distribución parecida, con solo unos pocos con caudales verdaderamente gigantescos, como el Amazonas o el Nilo, y muchísimos ríos y riachuelos con caudales mucho más modestos. Estos son solo dos ejemplos, pero la Naturaleza nos ofrece muchos más.

La ley potencial no es seguida únicamente por fenómenos naturales, sino también por fenómenos posibilitados solo por la actividad humana. Uno de los más conocidos es la talla de las ciudades. De nuevo, el planeta cuenta con unas pocas ciudades habitadas por decenas de millones de personas;

1 Marc J Williams et al. (2016). Identification of neutral tumor evolution across cancer types. http://www.nature.com/ng/journal/vaop/ncurrent/full/ng.3489.html.

con centenas habitadas por millones, pero con centenas de miles de ciudades y pueblos que no llegan al millón de habitantes. Esta distribución puede verse repetida a menor escala una y otra vez en los diversos países y regiones del mundo.

Evidentemente, la ley potencial se cumple cuando la Naturaleza, o los seres humanos, siguen sus propias leyes de comportamiento sin que nadie haga nada por evitarlo, es decir, en completa libertad. Es obvio que nadie ni nada pone límite a la cantidad de masa que puede ser acumulada por una estrella, o a la cantidad de agua transportada por un río, o a la talla de las ciudades, últimamente derivada de nuestra libertad de vivir donde queramos. Así pues, parece que la ley potencial, cuando se cumple, paradójicamente, deriva de una libertad de acción o comportamiento. Solo si contáramos con leyes (no naturales, sino humanas), que limitaran el número de habitantes de las ciudades del mundo podríamos evitar el cumplimiento de la ley potencial en este caso.

LEY POTENCIAL Y RIQUEZA

Hace unos días, la organización Oxfam Intermon emitía un informe[2] sobre la desigualdad económica en el mundo. Los datos son demoledores: en 2015, solo 62 personas poseían la misma riqueza que 3.600 millones; solo el 1% de la población posee el 48% de la riqueza mundial, el 99% tan solo posee el 52% restante. Y esto no es todo. De este 52%, el 46,5% está en manos del 20% más rico; el 80% de la población solo posee el 5,5% de la riqueza mundial. Según las previsiones de esta organización, de seguir así la evolución de las cosas, para 2016 el 1% de la población poseerá más de la mitad de la riqueza del mundo. El análisis científico de esos datos indica a las claras que la distribución de la riqueza en el planeta (y también en las diversas naciones) sigue la ley potencial, como lo hacen las estrellas, los ríos, las mutaciones en el cáncer, o la talla de las ciudades.

Este hecho conlleva algunas importantes implicaciones. La primera es que no son las personas ricas y poderosas las responsables de esta situación, sino que, paradójicamente, están sometidas a la misma, como lo estamos

2 https://oxfamintermon.s3.amazonaws.com/sites/default/files/documentos/files/economia-para-minoria-informe.pdf.

todos los demás. En otras palabras, si mañana mismo distribuyéramos la riqueza mundial de manera igualitaria entre todas las personas del planeta, pero a partir de mañana dejáramos evolucionar las cosas como lo han venido haciendo, al cabo de unos años, o de unas décadas, acabaríamos muy probablemente con unos pocos muy ricos (aunque no necesariamente serían los mismos de antes, o sus descendientes) y con muchos, muchísimos, muy pobres. De no hacer nada por limitar la libertad de cada cual para acumular riqueza, -como se limita la libertad de velocidad en las autopistas, por ejemplo (la libertad en sociedad nunca es absoluta y debe estar moderada por las leyes humanas)–, la ley potencial se seguirá cumpliendo.

La segunda implicación importante es que este estado de cosas no parece ser resultado de una planificación, sino, precisamente, de la ausencia de la misma, es decir, de la libertad de acción de cada individuo, también la de usted, para intentar acumular cuanta más riqueza, mejor, sin límites. A lo largo del tiempo, esta libertad, que tan razonable parece, siempre conducirá a que unos pocos acumulen mucho y dejen a los demás con demasiado poco.

Así pues, parece claro que si de verdad deseamos acabar con la desigualdad mundial que genera la ley potencial es necesario intervenir contra ella con leyes y normas desde el ámbito político internacional para establecer límites de acúmulo de riqueza y para impedir que se sobrepasen, es decir, para moderar nuestra libertad en el ámbito de la economía. No hacer nada es, aunque no lo parezca, ya intervenir en dirección contraria, o sea, posibilitar que siga habiendo unos pocos muy ricos y muchísimos muy pobres, dejando actuar a la ley, sí, pero a la ley potencial.

24 de enero de 2016

todos, demás, en otras palabras, [illegible] mismo [illegible] de la riqueza mineral de [illegible] todas las personas del planeta, [illegible] de la [illegible] y [illegible] como lo [illegible] acabando [illegible] acabaremos [illegible] pues [illegible] que [illegible] necesario [illegible] nada [illegible] la libertad de cada [illegible] libertad de [illegible] no debe [illegible] por las leyes [illegible] de la ley y potencia [illegible]

[illegible] implica [illegible] estado de [illegible] de la libertad de [illegible] que [illegible] con la [illegible]

Así pues, para [illegible] necesarios acabar con la desigualdad [illegible] que genera la potencial [illegible] punto [illegible] de riquezas y [illegible] que [illegible] en el [illegible] de la [illegible] ley y potencial.

LA MASCULINIDAD ES CUESTIÓN DE (SOLO DOS) GENES

Se han descubierto hechos realmente sorprendentes sobre los genes que convierten en machos a la mitad de la población

SI ALGUIEN DUDA aún que los genes ejercen una influencia determinante en lo que somos, no tiene más que echar un vistazo a los que determinan una condición humana muy importante: el sexo. Que seamos hombres o mujeres es, sin duda, cuestión de genes, y no de una elección personal, como sí lo es que decidamos ser ingenieros o arquitectas, siempre que la situación económica de nuestras familias lo permita.

Como casi todo el mundo educado conoce, en los mamíferos el sexo macho está determinado por la herencia de un cromosoma X de la madre y de un cromosoma Y del padre, y el sexo hembra está determinado por la herencia de un cromosoma X de cada progenitor. Este descubrimiento permitió el estudio de qué genes de estos dos cromosomas son los que determinan el desarrollo de órganos tan importantes para los machos como los testículos o el pene, y tan importantes para las hembras como los ovarios y el útero. Hoy, gracias a las técnicas de biología molecular, se han descubierto hechos realmente sorprendentes sobre los genes que convierten en machos a la mitad de la población.

Recientemente, un grupo de investigadores de las universidades de Hawái y de Marsella han publicado[1] que de todos los genes contenidos en el cromosoma Y solo dos son necesarios para que se desarrollen machos fértiles, si bien esta fertilidad es posible solo mediante reproducción asistida. Estos genes se llaman *Sry* y *Eif2s3y*.

El gen *Sry* produce un factor de transcripción, es decir, una proteína que puede activar el funcionamiento de algunos otros genes. Uno de los genes

1 Referencia: Yasuhiro Yamauchi et al. (2016). Two genes substitute for the mouse Y chromosome for spermatogenesis and reproduction. Science. 29 JANUARY 2016 • VOL 351 ISSUE 6272, pp. 514.

más importantes inducido por *Sry* es el gen llamado Sox9, que es otro factor de transcripción. El funcionamiento de este último gen es necesario para que se desarrollen los túbulos seminíferos en los testículos, sin los cuales la producción de espermatozoides y de testosterona –la hormona sexual masculina– es imposible. Por otra parte, el gen Eif2s3y produce una proteína necesaria para la proliferación de las espermatogonias, que son las células precursoras de los espermatozoides. Evidentemente, sin el correcto funcionamiento de este gen los espermatozoides no pueden desarrollarse, y ¿qué macho que se precie sería ese que no puede generar espermatozoides por más testículos que tenga?

MACHOS SIN Y

Curiosamente, los genes *Sry* y *Eif2s3y* cuentan con "colegas" en otros cromosomas que teóricamente podrían sustituir su función si esta falla. El mismo grupo de investigación anterior se pregunta por ello si esto podría ser realidad o lo es solo en teoría. Para comprobarlo, realizan una serie de interesantes experimentos con ratones de laboratorio cuyos resultados publican en la revista *Science*.

Para empezar, los investigadores generan ratones sin cromosoma Y a los que se les ha modificado genéticamente de manera que poseen solo un cromosoma X. Este único cromosoma X también ha sido manipulado y lleva activado el gen *Sox9* (el cual, recordémoslo, es inducido por *Sry*) y también lleva activado el gen *Eif2s3y*. El resto de los genes del cromosoma Y han sido eliminados, pero los genes del único cromosoma X que poseen estos animales funcionan con normalidad, con la adición de los dos mencionados. ¿Cuál es el sexo de estos animales?

Los investigadores encuentran que estos animales son machos. Como hemos dicho, estos machos no poseen el gen *Sry* (solo poseen el gen *Sox9*), por lo que el único gen del cromosoma Y que participa en su masculinidad es Eif2s3y, el cual, en este caso, ha sido insertado en el cromosoma X.

Por si lo anterior no resultara suficientemente impresionante para demostrar que solo dos genes convierten en machos a los que de otro modo serían hembras (supuestamente), los investigadores realizan otro experimento de resultados aún más impactantes. Resulta que el gen *Eif2s3y* del cromosoma Y posee un "colega" muy similar a él en el cromosoma X, al cual se le llama *Eif2s3x*. ¿Podría este gen, si es activado artificialmente, sustituir a *Eif2s3y*?

Para comprobarlo, los investigadores generan una nueva estirpe de ratón que posee un solo cromosoma X al que se le ha insertado el gen *Sry* y al que se ha activado el gen *Eif2s3x*. Estos ratones también son machos. Sus testículos son pequeños, pero existen, señal inequívoca de su sexo. Además, estos ratones son capaces de generar espermatozoides funcionales que les permiten reproducirse mediante reproducción asistida (fertilización *in vitro*).

En los dos experimentos anteriores, al menos un gen del cromosoma Y participa en la masculinidad de los ratones. Los investigadores se preguntan por ello si podrían eliminar del genoma todos los genes del cromosoma Y por completo y aun así generar machos.

Para averiguarlo, generan ratones transgénicos que llevan los genes *Sox9* y *Eif2s3x* activados en el cromosoma X, pero carecen por completo de cromosoma Y. Estos ratones, por tanto, llevan dos genes que no son propios del cromosoma Y, pero que podrían sustituir a los originales de dicho cromosoma.

Todos los ratones generados de este modo fueron machos, aunque la mayoría (35 de 48) tenían defectos en los testículos y no eran capaces de generar espermatozoides. El resto de los animales sí los podía generar de una manera comparable a la de los ratones anteriores que tenían los genes *Sry* y *Eif2s3x* activados.

Estos estudios indican que el gen *Eif2s3y* probablemente deriva de su compañero en el cromosoma X, *Eif2s3x*, y que este gen fue fundamental para la generación de los espermatozoides a lo largo de la evolución. Además, al menos en el caso del ratón, los resultados indican que el cromosoma Y no es estrictamente necesario para la fertilidad masculina si puede utilizarse la reproducción asistida. ¡Quién lo hubiera sospechado!

31 de enero de 2016

MUTACIÓN POBLACIONAL AL FINAL DEL PLEISTOCENO

Hace 14.500 años la población que vivía en el continente europeo fue sustituida por otra

AUNQUE HACE TAN solo unas décadas casi nadie lo hubiera imaginado, la bioquímica y la biología molecular han sido las disciplinas científicas que más han ayudado a ciencias en principio muy alejadas de ellas, como la paleontología. Esta ciencia se dedica al estudio de la evolución de la vida antes del inicio del periodo holoceno, hace 11.700 años.

En el caso de la especie humana, la paleontología está interesada en determinar no solo la evolución de los homínidos, sino también la dispersión de estos por los distintos continentes, lo que ha llevado al *Homo sapiens sapiens* a colonizar todo el planeta y llegar hasta a la luna. Por si no lo sabía, *Homo sapiens sapiens* es el nombre científico de la subespecie de *Homo sapiens* a la que pertenece el ser humano moderno, aunque yo creo que este nombre tiene demasiados "*sapiens*" para tanto ignorante como parece andar suelto.

Bromas aparte, gracias a la capacidad tecnológica para recuperar ADN de muestras fósiles, y al desarrollo de potentes tecnologías de secuenciación del ADN y de análisis de datos, se han podido realizar hazañas moleculares sin parangón en la historia de la ciencia, que sí hacen honor al *sapiens sapiens* de nuestro nombre. Esto ha sido también posible gracias a la existencia de unos orgánulos celulares cuya importancia no puede ser exagerada: las mitocondrias.

Las mitocondrias son las encargadas de la producción de energía química a partir de la oxidación de los nutrientes. Esta energía química, que generalmente es almacenada en la molécula llamada adenosíntrifosfato, es la que capacita el entramado metabólico de todas las reacciones químicas que hacen posible la vida. Las mitocondrias también participan en el ciclo de división celular, en la muerte celular programada, y en el proceso de diferenciación de células madre a células maduras. En resumen: son fundamentales para los procesos vitales.

Las mitocondrias son unos orgánulos extraordinarios, además de por todas las propiedades anteriores, porque poseen su propio genoma. Las investigaciones llevadas a cabo hasta hoy indican que este genoma es lo queda del genoma inicial de un organismo autónomo, la mitocondria original, que entró en simbiosis con otro. Ese otro organismo es hoy la célula eucariota, es decir, el tipo de célula que forma los animales y las plantas. Esta célula sigue protegiendo y alimentando a las mitocondrias, mientras estas le proporcionan la energía que necesita. La simbiosis continúa y, gracias a ella, también la vida de seres vivos complejos que, de otro modo, no hubieran podido aparecer en la historia de la vida.

Divergencia genética

El genoma de la mitocondria es pequeño, de solo unas 16.000 letras, pero posee unas propiedades que lo hacen muy conveniente para los estudios de genética de poblaciones. La primera propiedad es que es heredado por completo a partir de la madre. Las mitocondrias del espermatozoide son eliminadas tras la fecundación por diversos mecanismos celulares. La segunda propiedad es que este genoma, organizado en un círculo, no sufre recombinación génica, es decir, los genomas de dos mitocondrias no suelen mezclarse entre sí para generar genomas recombinados, mezclados, lo que sí sucede con los genomas de las células eucariotas o de los virus. Esto quiere decir que las diferencias entre los genomas de mitocondrias pertenecientes a diferentes individuos solo se han podido producir por acumulación de mutaciones a lo largo del tiempo, nada más. Cuantos más cambios presenten dos mitocondrias, más tiempo hará que divergieron genéticamente durante la evolución.

Un grupo internacional de investigadores ha reconstruido, a partir de muestras fósiles, los genomas mitocondriales de 35 cazadores-recolectores que vivieron en Centroeuropa desde hace 35.000 a hace 7.000 años[1]. El

1 Posth et al., 2016, Current Biology 26, 1–7 March 21, 2016 http://dx.doi.org/10.1016/j.cub.2016.01.037.

análisis de las mutaciones de estos genomas a lo largo del tiempo ha permitido a estos científicos extraer dos importantes conclusiones.

La primera es que, por lo que indican sus datos, parece que el *Homo sapiens* se dispersó a todos los continentes a partir de una sola migración desde África y no a partir de múltiples migraciones. Estas dos hipótesis llevan siendo debatidas desde hace un tiempo, y estos nuevos datos parecen indicar que es la primera la más probablemente cierta.

La segunda conclusión importante es que hace 14.500 años la población que vivía en el continente europeo fue sustituida por otra proveniente de otras localidades que aún no han podido ser determinadas. Esta sustitución de una población por otra se produce, de acuerdo a los datos de los que los paleoclimatólogos disponen, en una época de profundo cambio climático, precisamente cuando el planeta estaba saliendo de la última glaciación.

Como suele ser habitual en los generadores de conocimiento, estos no se conforman con lo descubierto y amenazan siempre con descubrir más, como, por ejemplo, de dónde provenían los que sustituyeron a los europeos originales hace 14.500 años, así como otros misterios sobre la colonización humana del planeta entero. Los investigadores creen que, si son capaces de rescatar y analizar otros genomas mitocondriales fósiles de Europa y de otras partes del mundo, pronto sabremos con certeza qué sucedió en aquellos oscuros años en los que la Humanidad solo comenzaba a balbucear.

7 de febrero de 2016

INVASIÓN BACTERIANA CAUSADA POR EL ALCOHOL

El crecimiento excesivo de la flora intestinal causado por el alcohol favorece la invasión del hígado por bacterias

EL ALCOHOL ES, sin duda, una de las sustancias que mayores efectos sociales y personales ejerce sobre la salud. En nuestra "civilización", uno puede morir a causa del consumo de alcohol sin haber bebido nunca, como puede suceder en un accidente de tráfico causado por otro conductor ebrio. El alcoholismo es igualmente otro de los problemas con serias implicaciones sociales, incluida la violencia de género.

Desde el punto de vista de la salud individual, además de sus efectos perniciosos sobre el sistema nervioso, el consumo persistente y abusivo de alcohol causa, como sabemos, serios problemas en el hígado. Aproximadamente la mitad de las muertes por cirrosis hepática son causadas por el consumo de alcohol.

Las serias consecuencias asociadas al consumo continuado de alcohol han estimulado la investigación sobre los mecanismos moleculares y fisiológicos que median sus perniciosos efectos. Entre otras cosas, se ha descubierto que el consumo de alcohol afecta a la distribución de las especies bacterianas de la flora intestinal, una de las comunidades de microorganismos más complejas del planeta.

La modificación de la flora no solo se debe a cambios en la distribución de las especies bacterianas, sino también a la cantidad de bacterias que habitan en el intestino, la cual aumenta con el consumo de alcohol. Estos recientes descubrimientos indican que el alcohol afecta a los mecanismos que mantienen el saludable equilibrio simbiótico que mantenemos con nuestra propia flora.

Otros estudios han demostrado que los cambios en la flora intestinal causados por el alcohol son necesarios para desarrollar enfermedad hepática. En otras palabras, los efectos del alcohol sobre el hígado no son producidos por este de manera directa únicamente, sino también generados de manera indirecta, debido a los cambios provocados en la flora intestinal. Esto se ha demostrado en animales de laboratorio mediante el empleo de antibióticos. La enfermedad hepática provocada por el alcohol se desarrolla con menor intensidad si se trata a los animales con antibióticos para mantener a raya el excesivo crecimiento de la flora intestinal.

Estudios subsiguientes indicaron que el crecimiento excesivo de la flora intestinal causado por el alcohol favorece la invasión del hígado por bacterias que escapan del confinamiento intestinal y penetran en ese órgano a través de la sangre. Existen células inmunes residentes en el hígado encargadas, en efecto, de fagocitar a las bacterias que desde la sangre puedan llegar a él. Esto genera un estado inflamatorio en el hígado que afecta a su normal funcionamiento y, con el tiempo, puede conducir a la terrible cirrosis.

PROTEÍNAS ANTIMICROBIANAS

En condiciones normales, uno de los mecanismos empleados por el intestino para controlar el desarrollo de la flora intestinal, y evitar que esta pueda invadir el organismo y atacar a otros órganos, es la producción de proteínas antimicrobianas. Dos proteínas antimicrobianas que se han revelado de particular importancia son las llamadas *REG3B* y *REG3G*. *REG3B* posee actividad contra las bacterias Gram negativas, y *REG3G* contra las Gram positivas, por lo que, juntas, estas proteínas actúan como un antibiótico de amplio espectro. Ambas proteínas son producidas y secretadas al interior del intestino por células especializadas del mismo, pero no son producidas por el hígado, que carece, por tanto, de este mecanismo de defensa antimicrobiano.

Estudios con ratones de laboratorio han demostrado que el funcionamiento de los genes *REG3B* y *REG3G* disminuye por la administración continuada de alcohol. Esta disminución parece ocurrir solo en estos dos genes antimicrobianos, y no en otros genes del intestino que también producen proteínas antimicrobianas.

Así pues, podría suceder que la enfermedad hepática estuviera causada por la disminución del funcionamiento de estos dos genes provocada por el alcohol, que favorecería el crecimiento de la flora y la invasión bacteriana del hígado. Averiguar esto podría ser importante para encontrar una manera de aumentar el funcionamiento de estos genes en aquellas personas que, por una u otra razón, continúan consumiendo alcohol de manera excesiva, o incluso para proteger de los efectos siempre perniciosos del alcohol en aquellos que lo consumen de manera socialmente más aceptable.

Para averiguar la función de los genes *REG3B* y *REG3G* en relación a la enfermedad hepática inducida por alcohol, un grupo de investigadores ha generado ratones de laboratorio a los que les ha eliminado bien el gen *REG3B*, bien el gen *REG3G*[1]. Los investigadores encuentran que los ratones carentes del gen *REG3B* desarrollan hígado graso más rápidamente que los normales si se les administra alcohol. Además, el hígado de estos animales se encuentra en un estado de inflamación. Esto parece ser causado por una mayor colonización del hígado por bacterias Gram negativas, que proliferan más en ausencia de *REG3B*.

Los estudios con los ratones a los que se había eliminado el gen REG3G proporcionaron resultados similares. La carencia de este gen en estos animales también causó una mayor invasión bacteriana en el hígado y exacerbó el desarrollo de hígado graso y enfermedad hepática inducida por el alcohol.

Estas investigaciones, publicadas en la revista *Cell Host and Microbe*, indican que una posible nueva estrategia terapéutica para limitar la enfermedad hepática puede ser estimular el funcionamiento de los genes *REG3B* y *REG3G* en el intestino. Es este un interesante ejemplo de cómo enfermedades en unos órganos pueden tener su causa en el malfuncionamiento de otros, que son los que deben ser tratados para curarlas.

14 de febrero de 2016

1 Wang et al., 2016, Cell Host & Microbe 19, 1–13. February 10, 2016. http://dx.doi.org/10.1016/j.chom.2016.01.003.

ENCUENTRO CON MEDUSA DE LOS GENES PERDIDOS

En el pasado se originó una rama evolutiva que condujo a la transformación de las medusas en parásitos

EN MI HUMILDE opinión, los parásitos son tal vez los organismos más fascinantes del planeta. El ciclo de vida de muchos de ellos adquiere una complejidad que incita a preguntarse cómo es posible que semejantes estilos de vida hayan podido surgir durante la evolución como respuesta a presiones selectivas.

Tomemos, por ejemplo, el grupo de parásitos llamado mixozoos. Este grupo de animales cuenta con más de 2.180 especies descritas hasta el momento, todas las cuales son parásitos obligados. Los mixozoos son muy pequeños, y solo pueden observarse al microscopio. Por esta razón, cuando se descubrieron, allá por el siglo XIX, los biólogos los clasificaron como protistas, un grupo muy heterogéneo de organismos, en principio de una sola célula, que incluye todo aquello que no es hongo, animal o planta. Entre los protistas se encuentran también parásitos tan dañinos como los tripanosomas.

El estudio del ciclo de vida y la anatomía de algunas especies de mixozoos ha revelado hechos singulares. El mixozoo *Myxobolus cerebralis*, que infecta a la trucha arcoíris, necesita también de otro animal hospedador, un gusano anélido. Tras vivir en el interior de la trucha, *M. cerebralis* genera unas esporas (llamadas mixosporas) que son expulsadas por el pez e ingeridas luego por el incauto gusano. El parásito vive ahora en el interior de este desde donde genera otras esporas (llamadas actinosporas) completamente diferentes en su anatomía a las anteriores, y que son capaces de infectar de nuevo al pez, completándose así el ciclo de vida.

En su forma anatómica más importante, los mixozoos son una cápsula de unas pocas células que puede expulsar un pequeño filamento, el cual facilita su adhesión al pez hospedador. Esta estructura es muy similar a la encontrada en los animales clasificados en el grupo de los cnidarios, a los que pertenecen las anémonas y las temidas medusas.

La coincidencia de la anatomía de los mixozoos con la de estructuras urticantes –llamadas nematocistos– de las medusas no hubiera dejado de ser eso, una coincidencia evolutiva, de no existir otros parásitos obligados que se parecen más a los cnidarios que los mixozoos. Uno de ellos es *Polypodium hydriforme*. Este parásito posee tentáculos, boca e intestino en una fase de su ciclo vital. En otra, vive como un par de células dentro de los huevos de un pez, desde donde sale convertido en un gusanillo alargado y tentaculado. Este gusano vive y come en el exterior, donde se fragmenta en pequeños trozos que pueden invadir a otros peces hembra para su reproducción dentro de sus ovocitos.

Regresión a los orígenes

La existencia de estos animales indica que en el pasado se originó una rama evolutiva que condujo a la transformación de las medusas en parásitos. En este contexto, la estructura anatómica de los mixozoos, similar a la de los nematocistos de las medusas, ha sugerido a algunos investigadores que estos podrían también provenir de los mismos ancestros cnidarios que *P. hydriforme*, aunque los mixozoos solo guarden como recuerdo de su pasado evolutivo esta estructura urticante, que se usa ahora no para cazar e inmovilizar presas, sino con el propósito de adherirse e infectar a un hospedador necesario para una fase de su ciclo de vida.

De ser cierta esta hipótesis, nos encontraríamos con uno de los hechos evolutivos más sorprendentes de la Naturaleza, ya que la evolución hacia el parasitismo habría logrado convertir a unos animales multicelulares y macroscópicos, similares a las medusas, en animales microscópicos, prácticamente sin estructuras corporales definidas.

El debate evolutivo estaba servido. Varios investigadores se pusieron a la tarea de analizar posiblemente lo único que podría dirimir si esta hipótesis era verdadera o falsa: el ADN de cnidarios y mixozoos, en busca de similitudes y diferencias.

El problema con el que se encontraron es que los mixozoos poseen un ADN que muta a gran velocidad con el tiempo, lo que dificulta comprender la relación genética entre unas y otras especies. Esta diversidad genética ha hecho muy difícil dirimir el origen evolutivo de los mixozoos.

Afortunadamente, contamos hoy con nuevas tecnologías de secuenciación y análisis del ADN muy potentes. El empleo de estas tecnologías por un grupo internacional de investigadores ha permitido la secuenciación y comparación de los genomas de dos especies distantes de mixozoos y de *P. hydriforme*[1]. Los resultados son esta vez concluyentes. En efecto, los mixozoos serían una clase de cnidarios que en lugar de hacerse más grandes y más complejos a lo largo de la evolución, como suele suceder con la gran mayoría de las especies, al adaptarse a un modo de vida parasitario se han ido haciendo más simples y más pequeños, hasta convertirse en microscópicos. Esta evolución ha ido acompañada por la pérdida de una gran cantidad de genes que se han revelado innecesarios para la supervivencia de estos nuevos parásitos derivados de las medusas. Estos genes perdidos son los que contenían la información de una estructura corporal diferenciada propia de las medusas: tentáculos, boca, intestino, etc.

Nos encontramos por tanto ahora con el hecho demostrado de que la evolución no siempre avanza hacia lo más complejo o lo más grande, sino que sigue cuales vericuetos son necesarios para la supervivencia, los cuales pueden embarcar a ciertos organismos en un fascinante viaje genético de regreso a sus primitivos orígenes, anteriores incluso a sus ancestros cercanos, de los que derivan. Nada garantiza, pues, a la vida que la evolución la "mejore". La única mejora posible es la que permite sobrevivir y transmitir los genes, los mínimos necesarios para la supervivencia, a las siguientes generaciones.

21 de febrero de 2016

1 Genomic insights into the evolutionary origin of Myxozoa within Cnidaria. E. Sally Changa et al. PNAS Dec 1 2015, vol. 112(48) pp. 14912-14917. http://www.pnas.org/content/112/48/14912.full.pdf.

EVOLUCIÓN CONTRA EL CÁNCER

El empleo de una estrategia muy agresiva para atacar a los tumores causa a veces serios problemas

DEBO ADMITIR QUE cuando alguna noticia habla de que se ha producido un nuevo avance contra el cáncer, inmediatamente pienso en que se ha descubierto un nuevo fármaco antitumoral, o tal vez un nuevo gen o proteína que si logramos bloquear erradicará el tumor. Sin embargo, como voy a intentar explicar hoy, en ocasiones, solo comprender en mayor profundidad las herramientas antitumorales de las que disponemos y aprender cómo afectan al desarrollo tumoral para utilizarlas mejor puede conducir a importantes mejoras.

Las estrategias convencionales de tratamiento antitumoral se basan en la idea de que el máximo beneficio se consigue con la máxima dosis posible de quimioterapia para matar a la mayor cantidad de células tumorales. Parece una estrategia basada en el sentido común, ese que tanto se invoca ahora para que aceptemos recortes en todo, también en educación e investigación. Curiosamente, la ciencia ha demostrado muchas veces que un gran enemigo de los avances científicos (y creo que también sociales) es el sentido común. Que se lo digan si no a los físicos cuánticos.

Sin embargo, el empleo de una estrategia muy agresiva para atacar a los tumores causa a veces serios problemas. Como en toda situación en la que tenemos una población de seres vivos, en este caso las células tumorales, se produce una evolución por mutación y selección. Al eliminar a las células tumorales más sensibles al fármaco antitumoral, permitimos que las células mutantes resistentes dispongan de más recursos y sufran menor competición de sus células vecinas. Este fenómeno ha recibido hasta un nombre: liberación de la competición. Esta liberación permite a las células supervivientes crecer y reproducir el tumor, que esta vez tendrá menor probabilidad de ser tratado con el mismo fármaco antitumoral, ya que estará compuesto por células resistentes al mismo.

Por otra parte, el empleo de dosis muy altas de quimioterapia afecta también al funcionamiento de todo el organismo y requiere, por ello, de periodos de descanso en los que el paciente no recibe tratamiento. Este necesario periodo para permitir la recuperación física del paciente, permite igualmente la recuperación del tumor.

Esta problemática situación ha sido abordada mediante un cambio en la estrategia de administración de quimioterapia. Se ha empleado así la llamada quimioterapia metronómica, que es la administración continuada de bajas dosis de varios agentes quimioterapéuticos. Esta estrategia parece disminuir la toxicidad general del tratamiento, aunque su finalidad es, sin embargo, la misma que la de la estrategia anterior: matar al mayor número posible de células tumorales. Esta estrategia no impide el problema de la liberación de la competición y, finalmente, muchos tumores se convierten en más agresivos y resistentes y ya no pueden ser erradicados.

TERAPIA ADAPTATIVA

Por esta razón, recientemente se han cuestionado estas maneras de proceder contra los tumores, y se ha comenzado a considerar la terapia antitumoral como un proceso evolutivo con su propia ecología. Este nuevo modelo conceptual sobre el crecimiento tumoral se basa en tres ideas para las que existe evidencia. La primera es que células resistentes a los agentes quimioterapéuticos se encuentran ya presentes en los tumores incluso antes de iniciar el tratamiento. La segunda idea es que los mecanismos de resistencia muchas veces no dependen de la generación de nuevas mutaciones sino simplemente de un aumento de la intensidad de funcionamiento de mecanismos naturales presentes en las células y que les protegen de sustancias tóxicas que pueda haber en el entorno. Por último, la tercera idea es que las poblaciones de células en un tumor compiten entre sí por nutrientes y espacio.

Si lo anterior es cierto, una posible forma de luchar contra el cáncer sería administrar bajas dosis de fármacos antitumorales que no intenten matar al tumor, sino simplemente estabilizarlo e impedir que crezca, aumentando la competición entre las células tumorales de manera que unas impidan el crecimiento de las otras y no se lleguen a generar células resistentes. Al fin y al cabo, los mecanismos de resistencia requieren más recursos y más nutrientes, ya que cuestan energía metabólica, y no se ponen en marcha o se seleccionan si los beneficios no superan a los costes. En presencia de dosis bajas de agentes quimioterapéuticos, las células resistentes no serán mucho más competitivas que las no resistentes, y no aparecerán con facilidad.

Un grupo de investigadores ha estudiado si el empleo de este tipo de estrategia antitumoral podría mejorar la supervivencia de ratones de laboratorio con cáncer de mama[1]. Para ello, implantan tumores humanos de mama a los animales y les administran el agente paclitaxel. La evolución de los tumores es seguida mediante resonancia magnética y los científicos intentan adaptar las dosis de fármaco y su administración de manera que su crecimiento sea minimizado.

Utilizando diferentes esquemas, los investigadores encuentran que el mejor control del crecimiento se consigue con una dosis inicial elevada. Sin embargo, una vez conseguido esto, la administración de dosis progresivamente descendientes, que incluso podían ser separadas por periodos de descanso, resultó en la máxima eficacia antitumoral. Entre el 60 y el 80% de los animales vieron sus tumores decrecer en tamaño con esta estrategia sin sufrir recidivas.

Los investigadores bautizan esta nueva estrategia con el nombre de terapia adaptativa. Esta tal vez no permita curar en todos los casos al tumor, pero puede permitir que vivamos con él controlado por más tiempo y con mucha mejor calidad de vida. Harán falta ahora estudios en pacientes para validar si esta nueva manera de enfrentarse a los tumores es también más eficaz con nosotros, los humanos.

28 de febrero de 2016

1 Pedro M. Enríquez-Navas et al. (2016) Exploiting evolutionary principles to prolong tumor control in preclinical models of breast cáncer. Science Translational Medicine http://stm.sciencemag.org/content/8/327/327ra24.

LA ANSIEDAD METE TODO EN EL MISMO SACO

La ansiedad puede estar fuera de lugar en muchos contextos

UNA DE LAS emociones negativas más comunes es la ansiedad. Esta desagradable emoción se caracteriza por un estado de intranquilidad y agitación interna, que si se extiende demasiado en el tiempo puede causar problemas más graves, como complicaciones gástricas, dolores imaginarios, etc.

Mientras el miedo es una respuesta emocional ante una amenaza inmediata, real o imaginaria, la ansiedad es una emoción que depende de nuestras expectativas ante una presunta amenaza futura, y que, por consiguiente, en buena medida depende de lo que anticipadamente imaginamos. Así, podemos sentir ansiedad ante la perspectiva de un futuro examen, o ante una visita al dentista. En todo caso, percibimos el futuro evento como una amenaza a nuestro bienestar, o incluso a nuestra integridad física.

La capacidad de sentir ansiedad u otras emociones no es arbitraria y, como casi todo, depende de nuestra historia evolutiva. Aquellos incapaces de experimentar ansiedad frente a una posible amenaza probablemente no estuvieron tan preparados para hacerle frente cuando la amenaza se materializó, y sucumbieron ante la misma. La ansiedad se reveló así como una emoción favorable para la supervivencia. El problema hoy es que esta respuesta emocional que tan importante papel desempeñó en nuestra evolución no lo desempeña tanto en la vida moderna y, al contrario, la ansiedad puede estar fuera de lugar en muchos contextos, como cuando nos subimos a un avión, o a un ascensor; al tomar una decisión sin demasiada importancia, o incluso al salir a la calle y tener que acercarse a otras personas.

De no controlarse, la ansiedad puede conducir al desarrollo de los llamados trastornos de ansiedad, que sufren hasta un 20% de las personas a lo largo de su vida. Estos trastornos pueden ser generalizados, es decir, sufrir un estado de ansiedad crónica ante prácticamente cualquier cosa cotidiana (dinero, salud, amor, trabajo, familiares, amigos, mascotas, viajes, el Real Madrid...), o pueden ser específicos, como determinadas fobias (a animales, plantas, objetos, situaciones concretas, el Fútbol Club Barcelona...), o los ataques de pánico, una sensación de muerte inminente experimentada por quienes los sufren.

TODO PARECE IGUAL

Un fenómeno psicológico conocido al que conduce la ansiedad es la generalización de estímulos. Este fenómeno nos lleva a meter en el mismo saco a estímulos similares, pero diferentes del estímulo original que generó ansiedad. Cuando un estímulo (un ruido, un olor...) anuncia una amenaza, parece razonable generalizar y considerar a estímulos semejantes como anunciadores de la misma amenaza, por si las moscas. Así, si a un animal le sometemos por varias veces a un pitido de un tono dado unos segundos antes de darle una descarga eléctrica, el animal aprenderá rápidamente que tras el pitido viene la descarga y mostrará una respuesta de ansiedad frente al mismo. Lo curioso es que si sometemos al animal a pitidos similares, pero no idénticos al original, el animal habrá generalizado, es decir, no será capaz de discriminar entre los tonos de los diferentes pitidos y mostrará ansiedad igualmente al oír cualquiera de ellos.

Esta generalización no se produce en otros contextos en los que los diferentes estímulos no se asocian a una amenaza, por lo que no es debida a que animales o personas no sean capaces de discriminar entre los diferentes sonidos, sino que parece tal vez un aprendizaje o una respuesta automática de los animales para aumentar su nivel de seguridad. Mejor huir o prepararse a luchar en respuesta a un estímulo inofensivo que no hacer nada, por si acaso.

Sin embargo, aunque razonable, la anterior no es la única explicación. Sería también posible que, en un estado de ansiedad, los sujetos no sean capaces de discriminar entre estímulos similares porque su sistema nervioso los percibe, en realidad, como idénticos. Dada la plasticidad de las conexiones neuronales, la ansiedad bien pudiera modificar las sinapsis de manera que tendiéramos a agrupar a estímulos similares como si fueran uno solo: el que desencadenó la ansiedad por primera vez. Muy bien, pero ¿es esto lo que sucede?

Para averiguarlo, un grupo de investigadores somete a individuos ansiosos a la tarea de discriminar entre sonidos similares[1]. Para ello entrenan a los sujetos a discriminar entre tres sonidos, uno que supone una ganancia de dinero, otro que supone una pérdida y otro que no tiene consecuencia. Tras el entrenamiento, los voluntarios deben identificarlos entre otros quince tonos diferentes. Si lo hacen bien, reciben una recompensa monetaria, o pierden dinero si lo hacen mal.

La mejor estrategia para ganar es la de no generalizar los tonos, pero los científicos encuentran que los individuos ansiosos no pueden conseguirlo y confunden, más frecuentemente que los no ansiosos, los nuevos tonos con los que escucharon durante el entrenamiento. Los investigadores confirmaron que esta deficiencia no estaba relacionada con problemas auditivos.

Lo más interesante, sin embargo, fue comprobar que los individuos ansiosos experimentaban, en realidad, los tonos similares como un mismo tono. Esto fue revelado por estudios de resonancia magnética funcional, que mostraron claras diferencias de activación en varias regiones cerebrales, en particular en regiones relacionadas con la percepción sensorial, entre las personas ansiosas y las que no lo eran.

Estos estudios indican que las personas ansiosas pueden percibir como idénticas situaciones más o menos similares a la situación inicial que causó la ansiedad, por lo que esta es alimentada también por ellas. Así, una vez adquirido, el estado de ansiedad es difícil de vencer. Tal vez estos nuevos conocimientos puedan ayudar, no obstante, a muchas personas a ser conscientes de la trampa que su sistema nervioso les tiende y a minimizar esta desagradable emoción que tantas dificultades añade a la vida de tantas personas.

6 de marzo de 2016

---

1 Behavioral and Neural Mechanisms of Overgeneralization in Anxiety. Laufer et al., Current Biology 26, 1–10 March 21, 2016 http://dx.doi.org/10.1016/j.cub.2016.01.023.

[illegible]

solo [illegible] cuando le [illegible] por primera vez. Muy bien, pero ¿es esto lo que sucede?

[illegible] un grupo de investigadores [illegible] a la tarea de discriminar entre [illegible] similares. Para ello [illegible] los sujetos a [illegible] de olor [illegible] que supone una pérdida y otro que no tiene consecuencia [illegible] diferentes [illegible] incrementaba [illegible] en [illegible] la [illegible].

[illegible] la [illegible] los tonos, pero [illegible] en [illegible] los nuevos [illegible] que [illegible] Los investigadores [illegible] que esta [illegible] relacionada [illegible] previas.

[illegible] los [illegible] como un [illegible] por estudios [illegible] que [illegible] regiones cerebrales [illegible] percepción sensorial [illegible] que [illegible].

[illegible] indica que [illegible] personas ansiosas pueden [illegible] como [illegible] más [illegible] de la situación inicial que causó [illegible] por lo que [illegible] es difícil de [illegible]. Así, una vez [illegible], el estado de ansiedad [illegible] personas [illegible] les [illegible] dificultad [illegible] de [illegible] persona.

[illegible]

[illegible]

PLASTICIDAD VITAL Y DEGRADACIÓN PLÁSTICA

Cada año se producen 311 millones de toneladas de plástico

ALGUIEN DIJO UNA vez que cuando necesitas tocar madera es cuando te das cuenta de que el mundo está hecho de plástico y vinilo. Y es que el mundo cada vez está más lleno de basura plástica. Hemos llegado a un punto en el que los restos de plástico, arrastrados por las corrientes marinas, han llegado a formar grandes manchas de basura en el océano Pacífico, de una extensión estimada superior a la de Europa entera.

Y es que se calcula que cada año se producen 311 millones de toneladas de plástico, las cuales provienen en un 90% del petróleo. Por desgracia, solo un 14% se recicla, lo que deja la friolera de 267,5 millones de toneladas de plástico convertidos en basura acumulada en el entorno anualmente.

La mayoría de los plásticos tarda décadas en degradarse en el medio ambiente. Por ello, se sigue investigando para generar plásticos que se degraden con más rapidez, sin que por ello pierdan las propiedades que los hacen útiles. Sin embargo, el problema de hacer desaparecer la basura plástica ya acumulada en el planeta es cada vez más acuciante. Además del calentamiento global, estamos sufriendo una plastificación global de la que no se habla tanto, pero que puede ser tan peligrosa como el primero.

Un plástico muy común, pero particularmente resistente a la degradación, es el tereftalato de polietileno, conocido como PET por sus siglas en inglés. Este plástico, del que se producen cerca de 60 millones de toneladas al año, es muy usado para fabricar envases, como los de las botellas de agua mineral y refrescos.

Como muchos otros plásticos y textiles, el PET es un polímero, es decir, está formado por la concatenación de múltiples moléculas simples. Polímeros más famosos son las proteínas, formadas por la unión de aminoácidos, o el ADN, formado por la unión de nucleótidos. Para quien desee saberlo, el PET está formado por la unión de ácido tereftálico (químicamente relacionado con la aspirina, aunque no tiene propiedades farmacológicas) y etilenglicol (químicamente muy relacionado con el común etanol). La reacción química entre estas dos moléculas forma largas cadenas que, juntas y enredadas sin orden, confieren las propiedades tan convenientes que posee este plástico, entre ellas la de poder ser moldeado fácilmente a ciertas temperaturas.

IDEONELLA SE LO COME

Aunque este plástico no es fácilmente degradable en la Naturaleza, sus componentes básicos son moléculas orgánicas que podrían servir de fuente de carbono a algunos microorganismos. En otras palabras, el PET no es tóxico; al contrario, podría servir de fuente de alimento si se contara con las herramientas enzimáticas para digerirlo y metabolizarlo.

En un mundo en el que hasta hace solo unos años esta sustancia no existía, poseer estas herramientas enzimáticas, cuya información para generarlas y utilizarlas necesariamente debería estar almacenada en los genes, no conferiría ventaja alguna a los microorganismos que contaran con ellas. Al contrario, sería contraproducente, debido al coste energético inútil que conllevaría. Una vez aparecido el PET en grandes cantidades en la Naturaleza, sin embargo, es posible que algunas bacterias hayan evolucionado para aprovechar esta nueva e importante fuente de carbono. Al fin y al cabo, ya hemos comprobado que muchas bacterias patógenas se han adaptado para hacerse resistentes a prácticamente todos los antibióticos descubiertos o inventados por el ser humano. Esta evolución se ha producido en solo unas pocas décadas, es decir, en un tiempo similar al que hace que el PET se produjo por primera vez, lo que sucedió en 1941.

Para intentar averiguar si tal vez en este tiempo se han generado bacterias capaces de digerir PET, un grupo de investigadores japoneses recoge 250 muestras de aguas residuales, sedimentos, basura, etc., de una planta de reciclaje de envases PET[1]. La idea es que si existen bacterias que se alimentan de este plástico, deben encontrarse con más probabilidad donde este abunda.

1 Shosuke Yoshida el at. (2016). A bacterium that degrades and assimilates poly(ethylene terephthalate). Science 11 MARCH 2016 • VOL 351 ISSUE 6278, pp 1196.

Los investigadores realizaron un análisis de los microorganismos que estaban adheridos a la superficie de estas muestras de plástico, y que, por consiguiente, pudieran estar alimentándose de él. Encuentran así una nueva especie de bacteria que denominan *Ideonella sakaiensis*, la cual es capaz de digerir y alimentarse de PET como fuente de carbono.

Los científicos analizan en el laboratorio cómo consigue esta bacteria nutrirse de plástico (aunque antes ponen sus tarjetas de crédito a buen recaudo, por si acaso). Encuentran que *Ideonella* posee dos nuevas enzimas. La primera de ellas es capaz de cortar las largas moléculas de PET en moléculas compuestas por un dímero, es decir, por los dos componentes del PET, pero ya separados de la cadena. La segunda enzima, corta este dímero en cada componente individual y genera las moléculas iniciales que dieron origen al polímero. Estas moléculas pueden ser aprovechadas por las bacterias como alimento.

El análisis de los genes que producen estas enzimas indican que son parientes muy lejanos de otros genes que producen enzimas capaces de romper otros enlaces químicos. Parece pues que son, por el momento, bastante particulares, lo que sugiere que tal vez existan otros genes en otras especies bacterianas, aun no descubiertas, a partir de los que hayan podido evolucionar. Un ejemplo más de la plasticidad de la vida y de su capacidad de adaptación.

La cuestión científica queda abierta, pero el descubrimiento permite imaginar la generación de plantas de reciclaje bioquímico de PET para generar de nuevo sus componentes iniciales, lo que permitirá producir PET reciclado a menor coste, e idéntico al original. Igualmente podemos considerar también la producción de esta bacteria o de sus enzimas para eliminar al menos parte de los restos de basura plástica contenidos en continentes y océanos.

13 de marzo de 2016

EL FÁRMACO MADRE

Sería mejor tratar a las células adultas con alguna sustancia que las convirtiera en células madre

LA MEDICINA REGENERATIVA promete a las generaciones venideras vidas largas, aunque no necesariamente prósperas. Este tipo de Medicina busca no solo curar enfermedades, sino también regenerar órganos y tejidos dañados o viejos. De conseguirlo, la esperanza de vida probablemente será alargada de manera proporcional al dinero que, quienes puedan pagarlo, decidan invertir en ella. Es evidente que no todos podrán permitirse vivir mucho más de lo que dura una vida por estos días. Algunos ya no pueden ni permitírselo ahora.

Por desgracia o por fortuna, no estamos aún en el punto en el que la longevidad en buena salud se haya convertido en un bien de mercado más, pero la investigación para alcanzarlo continúa. Esta se centra en las células madre y, a pesar de las barreras éticas con las que se sigue enfrentando, avanza a buen paso, soslayando no solo estas barreras, sino también las barreras científicas y tecnológicas.

Uno de los avances más importantes sobre las células madre se realizó en 2006 con el descubrimiento de que introduciendo solo cuatro genes en células adultas estas podían ser inducidas a convertirse en células madre pluripotentes. Este tipo de células podía ser inducido de nuevo en el laboratorio a convertirse en células adultas, pero de tipos diferentes al utilizado para generar las células pluripotentes. Esta tecnología comenzaba a hacer posible el sueño de generar células adultas de una clase a partir de células adultas de otra, sin necesidad de tener que utilizar embriones para conseguirlo, lo que era hasta ese momento el caso. Los descubridores de este procedimiento recibieron el premio Nobel de Medicina en 2012.

La reprogramación de células adultas a células pluripotentes, similares a las embrionarias que originan todas las células del organismo, puede parecer cosa de magia. En efecto, los detalles profundos de esta metamorfosis están fuera de la comprensión del común y no tan común de los mortales. Pasa con esto algo similar a lo que sucede con la Teoría de la Relatividad de Einstein, o con el Bosón de Higgs, que solo entienden los muy estudiosos e iluminados.

Sin embargo, en este caso, aunque los detalles son difíciles de entender, creo que no lo es tanto la filosofía general de lo que sucede. Resulta que, como sabemos, toda la información para que las células de un organismo sean lo que son se encuentra en su ADN, en su genoma, que es idéntico en todas ellas. La diferencia entre una célula de la piel y otra del riñón, por ejemplo, se encuentra solo en la parte de su información que utilizan. Cada tipo de célula acaba "escogiendo" qué tipo de información "leer" de su ADN, lo que le permite convertirse en un tipo de célula dado y realizar las funciones especializadas que le son propias.

Y bien, la información para ser una célula madre pluripotente también se encuentra en el mismo ADN que poseen las células adultas de un organismo dado. Solo se trata, por tanto, de "leer" esa información y no otra para funcionar como una célula madre. Esto quiere decir que si fuéramos capaces de modificar qué información "leen" las células, si fuéramos capaces de hacerles "leer" de su ADN una información y no otra, podríamos transformar cualquier célula del organismo en cualquier otra, a voluntad.

SELECCIÓN DE LA LECTURA

Por el momento, estamos lejos de conseguir esta proeza, aunque se haya conseguido, como digo, que las células adultas dejen de "leer" la información en el ADN que las hace adultas y vuelvan a "leer" la información que las hace "niñas". Estamos también aún lejos de poder llevar a la clínica y a los hospitales de manera cotidiana estos avances de laboratorio. Una de las razones más importantes es que la modificación del genoma de las células adultas para convertirlas en células madre pluripotentes puede dañar su genoma de modo imprevisto y generar más problemas de los que pretendemos solucionar con ellas. Por esta razón, se investigan nuevos métodos para generar células madre a partir de las adultas de forma que no dañen su genoma. La presión por tener éxito en este ámbito de la investigación ha incluso generado varios casos de fraude científico de repercusión mundial.

Se han conseguido, no obstante, importantes avances. Por ejemplo, se ha logrado la transformación de células adultas en pluripotentes no con genes, sino con las proteínas que estos producen, introduciéndolas en las células mediante modificaciones en la membrana celular. De esta manera no se daña el genoma, pero se generan igualmente células madre.

Estas tecnologías son muy interesantes, pero no son del todo prácticas, ya que son ineficientes y costosas. Sería mejor tratar a las células adultas con alguna sustancia que las convirtiera en células madre.

Un primer paso en esta dirección ha sido ahora logrado por investigadores de la Universidad de Michigan[1]. Los investigadores han conseguido convertir, mediante tratamiento con un único fármaco, a células embrionarias llamadas epiblásticas en células madre pluripotentes, es decir, las células madre primigenias. El fármaco actúa sobre un enzima clave que modifica químicamente las proteínas que rodean al ADN y lo organizan en los cromosomas, dando así permiso o no a los genes para funcionar, es decir, dando permiso para leer una u otra información contenida en el genoma.

Aunque las células madre epiblásticas no son células adultas, sino un tipo de células que, aun siendo pluripotentes, ya han iniciado su camino para convertirse en adultas, este descubrimiento supone un interesante avance para lograr modificar qué información de su genoma leen las células y conseguir así la proeza de convertir a una célula adulta en otra que pueda sernos más necesaria en un momento dado de nuestra vida. Sospecho que una dosis extra de neuronas, convertidas en tales a partir de células de sus gónadas, no les vendría demasiado mal a los líderes políticos del momento. Hay esperanzas y, hoy por hoy, aún son gratis.

20 de marzo de 2016

1 Zhang et al., MLL1 Inhibition Reprograms Epiblast Stem Cells to Naive Pluripotency, Cell Stem Cell (2016), http://dx.doi.org/10.1016/j.stem.2016.02.004.

DETECCIÓN DE LA DULZURA PARA EVITAR LA GORDURA

Desde hace ya varias décadas, la obesidad se ha convertido en un problema de salud pública

LOS TIEMPOS QUE vivimos se pueden definir con muchos calificativos. Uno de ellos es, sin duda, la "era de la obesidad" o, si lo preferimos, la "era del adipocito", la célula que almacena la grasa. Nunca antes en la historia de la Humanidad ha existido semejante proporción de obesos. Antiguamente, solo los ricos podían estar gordos. Hoy, la obesidad es, paradójicamente, síntoma de pobreza y de incultura. Como la pobreza es mucho más frecuente que la riqueza, el número de obesos es también mayor que el número de ricos. La Organización Mundial de la Salud estima que hay más de 650 millones de obesos en el mundo.

En consecuencia, desde hace ya varias décadas, la obesidad se ha convertido en un problema de salud pública, sobre todo entre la población pobre de los países ricos. Esto ha estimulado la investigación científica para comprender los factores que controlan la toma de alimentos y el gasto energético, los dos fieles de la balanza que determinan, en última instancia, el peso corporal. Las gallinas que entran por las que salen, que decía el sabio.

Los estudios realizados han descubierto una variedad de factores que controlan la sensación de hambre y de saciedad. Existen así los llamados factores orexígenos, o estimuladores del apetito. Entre estos se encuentran ciertas hormonas, como la ghrelina, una hormona secretada por el estómago.

Del mismo modo, tenemos los factores anorexígenos, que disminuyen el apetito. Uno de los más importantes es la hormona leptina, producida por los adipocitos. Esta hormona se secreta de manera proporcional a la grasa acumulada, lo que tiende a frenar la ingesta de alimentos para dejar de acumularla.

Puesto que finalmente de lo que se trata es de modular el comportamiento, en este caso el comportamiento alimenticio, muchos de estos factores actúan sobre el sistema nervioso, que es el último responsable de cualquier comportamiento. De este modo, las señales orexígenas estimulan la búsqueda e ingesta de alimento, mientras que los anorexígenos actúan para detenerla.

Entre estas señales se encuentran también las que derivan de los propios nutrientes. Por ejemplo, la concentración de glucosa en la sangre es uno de los factores que afecta al comportamiento alimenticio. La glucosa es el hidrato de carbono más elemental y el nutriente más importante para las neuronas. Mantener un adecuado nivel de glucosa en la sangre es fundamental para el correcto funcionamiento del sistema nervioso y del organismo en general. Existen varios mecanismos que la controlan. Todos conocemos, probablemente, la importante acción de la insulina para disminuir la concentración de glucosa en sangre y almacenarla, sobre todo en el hígado, tras una comida. Al contrario, la hormona glucagón moviliza las reservas de glucosa cuando los niveles en la sangre bajan debido a un ayuno.

EL PAPEL DE NAGOT

La glucosa es capaz de ser modificada químicamente, tras lo cual puede unirse mediante enlaces covalentes a las proteínas. Una modificación química muy común de la glucosa genera el compuesto llamado N-acetilglucosamina, que llamaremos NAG para abreviar. Este derivado químico de la glucosa posee propiedades diferentes que, entre otras cosas, lo hacen más adecuado para formar parte de estructuras anatómicas que para servir de alimento. Así, la piel de los crustáceos, como las gambas o los centollos, está formada en gran parte por largas cadenas de NAG, la denominada quitina, que es bastante dura e indigerible.

Lo anterior parece que no tiene nada que ver con la obesidad y, por supuesto, no tiene nada que ver con el sabor de las gambas a la plancha, pero es que investigadores de la Universidad John Hopkins y de los Institutos Nacionales de la Salud, en EE.UU., han descubierto ahora que la NAG resulta fundamental también para que ciertas células cerebrales detecten los niveles de glucosa y controlen el comportamiento alimenticio.

Para esta detección resulta crítico el funcionamiento de un enzima capaz de utilizar NAG y de unirla a ciertas proteínas celulares. Estas proteínas modificadas químicamente de este modo actúan para detener la ingesta de alimentos. Llamaremos a este enzima con el nombre de NAGOT (N-acetilglucosamina–O–transferasa, para ser precisos).

Como es lógico, la cantidad de NAG que se genera en el cerebro depende de la cantidad de glucosa que llegue hasta este órgano, la cual depende a su vez de si hemos comido recientemente o no. Al mismo tiempo, la cantidad de proteínas modificadas mediante la unión de NAG a ellas depende de la actividad de NAGOT.

Para comprobar que esta modificación enzimática es importante en el control del comportamiento alimenticio, los investigadores modifican por varios medios de base genética la cantidad de NAGOT en el cerebro de ratones de laboratorio[1]. La disminución de la actividad de NAGOT conduce a estos animales a comer mucho más de la cuenta y a engordar en consecuencia. En ausencia de NAGOT activa, la cantidad real de glucosa en la sangre no puede ser determinada por este mecanismo. El cerebro cree que su cantidad es demasiado baja y, como resultado, genera una sensación de hambre y da la orden de comer para aumentar la glucosa. Este es el comportamiento resultante en los animales.

Los científicos demuestran que este mecanismo de control se encuentra activo en múltiples poblaciones neuronales implicadas en la regulación del comportamiento alimenticio, por lo que parece un elemento muy importante para evitar la obesidad. Al mismo tiempo, este descubrimiento abre la posibilidad de que otros nutrientes, como, por ejemplo, los aminoácidos de las proteínas o las mismas grasas, puedan contar con mecanismos de detección cerebrales que afectarían al apetito. La manipulación farmacológica de estos mecanismos podría ser de gran ayuda para evitar tanto la anorexia como la obesidad, aunque me temo que no servirá de nada para evitar la pobreza asociada a esta última en los países ricos.

27 de marzo de 2017

---

1 Olof Lagerlöf et al. The nutrient sensor OGT in PVN neurons regulates feeding. Science. 18 MARCH 2016 • VOL 351 ISSUE 6279, pp. 1293. http://science.sciencemag.org/content/351/6279/1293.

EVOLUCIÓN OMEGA–3

El acceso a determinadas clases de alimentos ha dejado su huella en algunos de nuestros genes

UNA FRASE BASTANTE popular es: "somos lo que comemos". Evidentemente, esta frase no es del todo cierta, o nos veríamos obligados a concluir que muchos no paran de comer besugos, percebes o merluzos. Podrá sorprender a algunos que la frase no provenga de un científico, sino del filósofo alemán Ludwig Feuerbach, quien la pronunció en 1850 para criticar la idea defendida por la Iglesia de que el Hombre necesita sobre todo alimentar su alma, y que con solo pan y agua bastaba para alimentar su cuerpo. Hoy, la frase ha dejado de tener su significado original y es interpretada como que lo que comemos ejerce un efecto importante sobre nuestra salud.

Si el efecto de la nutrición sobre la salud es algo hoy demostrado, tampoco quedan dudas de que el tipo de dieta al que nuestra especie ha tenido acceso durante su evolución ha conformado lo que ahora somos. Por ejemplo, el cocinado de los alimentos ha sido fundamental para permitir el crecimiento del cerebro hasta la talla actual y el desarrollo de nuestra inteligencia[1].

Además de los efectos globales de la nutrición sobre nuestra evolución, el acceso a determinadas clases de alimentos ha dejado su huella en algunos de nuestros genes. Por ejemplo, el invento de la ganadería nos proporcionó abundante leche no solo durante la infancia, sino también durante la vida adulta. Digerir todos los componentes de la leche, en particular su azúcar, la lactosa, solo fue posible gracias a mutaciones que consiguieron que el gen del enzima necesario para digerirla, la lactasa, siguiera funcionando toda la vida, en lugar de "apagarse" al dejar de mamar[2]. Esta mutación confirió una

1 http://jorlab.blogspot.com.es/2009/09/evolucion-cocinada.html.
2 http://jorlab.blogspot.com.es/2007/03/un-descubrimiento-de-la-leche.html.

gran ventaja de supervivencia a quienes la adquirieron, lo que consiguió que se diseminara por buena parte de la población.

Al contrario, la dieta rica en vitamina C que hemos consumido durante nuestra evolución ha hecho innecesario mantener los genes requeridos para la síntesis de esta vitamina. Aunque muchos animales son capaces de sintetizarla, los simios y los humanos no podemos fabricarla y necesitamos incorporarla a partir de nuestra dieta. Normalmente esto no ha supuesto un problema, salvo si queremos descubrir América en una carabela, claro.

En busca de liquidez

Como sabemos, los ácidos grasos poliinsaturados de la clase omega–3 y omega–6 son nutrientes importantes en nuestra alimentación. Estos ácidos grasos resultan necesarios para varias funciones vitales, entre las que se encuentran el control de los procesos inflamatorios de las defensas y el mantenimiento de una correcta fluidez de las membranas celulares.

Este último punto es importante. Comparemos, si no, mantequilla y aceites. La mantequilla es sólida a temperatura ambiente. Esto es debido a que la estructura molecular de los ácidos grasos saturados de la mantequilla es lineal, lo que consigue que sus moléculas encajen bien entre sí. Esto permite que se establezcan interacciones moleculares más difíciles de romper, lo que convierte a esta grasa en sólida.

Las moléculas de los ácidos grasos poliinsaturados son más retorcidas, a veces mucho más, que las de los ácidos grasos de la mantequilla. No encajan bien unas con otras, lo que convierte a estas grasas en líquidas, en aceites. Esto es fundamental para la vida, porque los procesos vitales suceden en estado líquido.

El requerimiento de liquidez de las grasas celulares, y el hecho de que no podamos fabricar todos los ácidos grasos poliinsaturados que necesitamos, implica que necesitemos tomar estos ácidos grasos en nuestra alimentación. Esta puede contener ácidos grasos precursores o ácidos grasos más elaborados, que son los que funcionan mejor en nuestras células y tejidos. Estos últimos son los ácidos DHA y EPA que aparecen en las etiquetas de los suplementos nutritivos a base de aceites de pescado, muy ricos en dichos ácidos grasos.

Una dieta rica en pescado, y también en carne, aportará suficiente cantidad de DHA y EPA y de sus precursores. No obstante, una dieta vegetariana carece de DHA y EPA y aportará exclusivamente los precursores de estos ácidos grasos. Los vegetarianos deberán fabricar, por consiguiente, DHA y EPA a partir de sus precursores. Para ello, se necesita el funcionamiento de dos genes, llamados FASD1 y FASD2.

Investigadores de la universidad de Cornell, en EE.UU., sospechaban que este funcionamiento tal vez pudiera haber sido afectado por el tipo de dieta ingerida durante la evolución humana. Para comprobarlo, analizan estos genes en varias poblaciones[3]. Una de ellas es la población esquimal, que se alimenta desde hace siglos a base de pescado o de animales marinos cuya grasa es muy rica en DHA y EPA. Otras son poblaciones en India y África que se han mantenido bajo una dieta vegetariana por cientos de generaciones.

Los investigadores descubren que las poblaciones vegetarianas cuentan con genes FASD diferentes a los de los esquimales. Las diferencias consiguen que estos genes funcionen mejor de lo normal y fabriquen suficientes cantidades de DHA y EPA a partir de los precursores presentes en los vegetales. Los esquimales, en cambio, han adquirido una variante de estos genes que funciona a mucha menor velocidad, ya que no es necesario que produzcan demasiado DHA y EPA, e incluso su exceso podría resultar perjudicial.

Este es otro interesante ejemplo de cómo la dieta puede afectar a nuestros genes a lo largo de la evolución, y cómo diferentes poblaciones humanas han visto su genoma ligeramente modificado para adaptarse mejor a las dietas de su entorno. Tal vez no somos lo que comemos, pero parece que sí seremos lo que comeremos.

3 de abril de 2016

---

3 Kumar S.D. et al. Positive selection on a regulatory insertion-deletion polymorphism in FADS2 influences apparent endogenous synthesis of arachidonic acid. Mol Biol Evol first published online March 29, 2016 doi:10.1093/molbev/msw049.

CONCENTRÉMONOS EN LA VIDA

Las primeras etapas del origen de la vida cuentan ya con propuestas muy razonables

UN FORMIDABLE PROBLEMA aún no resuelto por la ciencia es el origen de la vida. No es de extrañar. Lo que sucedió para que, desde el mundo inanimado, se generaran los primeros sistemas que pudieran ser llamados vivos es, probablemente, el "culebrón molecular" más largo del universo conocido, y cuenta ciertamente con cientos o miles de "temporadas" y "episodios". Partir de la simplicidad y alcanzar la complejidad de lo vivo supone un largo viaje con múltiples etapas. Averiguar cuáles han sido estas, acaecidas hace miles de millones de años, y su razón de ser, es una tarea que no es razonable suponer pueda haberse resuelto en las pocas décadas de amanecer científico y tecnológico de las que la Humanidad ha disfrutado.

Pero amanece, que no es poco. Las primeras etapas del origen de la vida cuentan ya con propuestas muy razonables, incluso confirmadas por algunos experimentos. Una de ellas es la generación de biomoléculas a partir de constituyentes inorgánicos simples, como el amoniaco, el nitrógeno o el dióxido de carbono.

Desde los experimentos de Miller y Urey, realizados en los años 50 del siglo XX[1], es conocido que diversos eventos de la Tierra primitiva, como fuertes tormentas eléctricas, podrían haber inducido la generación de aminoácidos y nucleótidos, los componentes de las proteínas y del ARN y ADN, respectivamente. Esta posibilidad llevó a proponer la existencia de un "mundo de ARN" primigenio como el primer estadio de la vida.

La idea es muy atractiva, pero sufre de un grave problema. Para generar las primeras moléculas orgánicas y formar con ellas moléculas más complejas, como los nucleótidos, y crear a partir de estas cadenas de ARN, es necesario que las moléculas reaccionen en condiciones de elevada

1 http://jorlab.blogspot.com.es/2011/05/la-resurreccion-de-miller.html.

concentración, es decir, que haya una densa población de moléculas que pueden encontrarse unas con otras para reaccionar de manera razonablemente eficaz. Sin embargo, en los océanos, lagos y ríos de la Tierra primitiva, la concentración de las moléculas orgánicas que podrían haberse formado era demasiado pequeña. Este problema se denomina el problema de la concentración del origen de la vida.

El problema carecía de solución hasta que, en 2007, un grupo de investigadores propuso un mecanismo de concentración molecular en las llamadas fuentes hidrotermales submarinas. Estas son como geiseres o fumarolas en el fondo oceánico que emiten agua muy caliente, de origen geotérmico. Estas fuentes pudieron ser mucho más comunes en la Tierra primitiva de lo que son en la actualidad. El agua que emiten contiene minerales disueltos que se solidifican a medida que entran en contacto con el agua más fría del océano, y pueden así generar estructuras sólidas, como chimeneas, que pueden alcanzar varios metros de altura. Estas estructuras minerales son muy porosas, parecidas a la piedra pómez.

Corrientes de vida

Los poros de estas estructuras son como cilindros muy finos que se forman en las pareces minerales a medida que estas crecen. Estos cilindros tienen una abertura y un fondo. Son como minúsculas cuevas en la estructura mineral. Pues bien, los investigadores se dieron cuenta de que los procesos de dinámica de fluidos generados en estas minúsculas perforaciones, debido a la diferencia de temperatura entre el agua emitida por la fuente hidrotermal y el agua fría del océano, eran capaces de mover las moléculas disueltas y concentrarlas en el fondo de los cilindros.

El proceso de concentración es sencillo de entender. El agua en el interior de uno de esos minúsculos cilindros se mueve en dos direcciones: desde la entrada al fondo, y regreso, y desde la pared caliente del cilindro a la pared fría. Este movimiento consigue que las moléculas se acumulen en una zona del fondo del cilindro. Es un proceso similar al que podemos observar en días de viento, en los que el polvo, las hojas caídas o la basura se acumulan en determinados lugares y no en otros. Debido al flujo del viento y a su interacción con los obstáculos con los que pueda encontrarse, este deposita y concentra las partículas que arrastra en ciertos puntos, como en una esquina o en el fondo de un muro.

Algo similar sucede con las moléculas arrastradas por el agua de las fuentes hidrotermales que penetra en esos pequeñísimos cilindros. Los investigadores calculan que de este modo las moléculas pueden concentrarse miles o incluso millones de veces. En el caso de los nucleótidos, esto es suficiente como para comenzar a generar cadenas de ARN o ADN.

El proceso anterior puede explicar la formación de ARN o ADN a partir de nucleótidos ya formados, pero para formar los nucleótidos desde componentes más simples también se requiere que estos estén concentrados de manera que las reacciones químicas puedan proceder a una velocidad aceptable. Uno de estos componentes fundamentales es la formamida, formada por un átomo de carbono, uno de oxígeno, uno de nitrógeno y tres de hidrógeno, es decir, todos los necesarios para formar los cuatro nucleótidos. De hecho, se ha comprobado que a partir de formamida todos los nucleótidos conocidos pueden ser sintetizados. Esta molécula podría haber sido fácilmente formada en la Tierra primitiva a partir de dióxido de carbono y amoniaco. ¿Podría la formamida concentrarse también en los cilindros minerales y formar así nucleótidos?

Investigadores de varias universidades alemanas exploran por métodos teóricos esta cuestión fundamental para el origen de la vida y concluyen no solo que esto es posible, sino que este proceso es particularmente favorecido en el caso de la formamida[2]. Estos estudios sugieren que la vida podría haber tenido un origen geotérmico y pueden permitir la planificación de nuevos experimentos para comprobar si las moléculas de la vida se originaron y evolucionaron de esta forma. El viaje continúa.

10 de abril de 2016

2 Doreen Niether, et al. Accumulation of formamide in hydrothermal pores to form prebiotic nucleobases. www.pnas.org/cgi/doi/10.1073/pnas.1600275113.

ALGO QUE DEBIERA SABER SOBRE EL SEXO

El cerebro debe convertirse durante su desarrollo en un cerebro macho o en un cerebro hembra

HACE UNAS SEMANAS hablaba de que la masculinidad es cuestión de solo dos genes, necesarios para la generación de espermatozoides y órganos sexuales masculinos. Sin embargo, de nada sirve tener un órgano sexual si no tenemos el deseo de utilizarlo adecuadamente. Este deseo, que precede a un comportamiento sexual específico, está controlado por el cerebro. El cerebro debe, por tanto, convertirse durante su desarrollo en un cerebro macho o en un cerebro hembra y generar así de manera correcta el deseo y comportamiento sexual para cada sexo en la edad adulta.

Hoy sabemos que el cerebro de los mamíferos por defecto es hembra. A menos que este órgano reciba una dosis de hormonas masculinas durante un periodo concreto de su desarrollo, al poco de nacer, el cerebro resultante será hembra, independientemente de los órganos sexuales que lo acompañen. En otras palabras, si estos son los de un macho, pero algún defecto impide que produzcan correctamente hormonas masculinas, el sexo del cerebro será hembra. Al contrario, si los órganos sexuales fueran femeninos pero las hormonas masculinas fueran producidas de todos modos por cualquier causa, el cerebro se convertiría en macho.

¿Cómo funcionan las hormonas para condicionar el sexo del cerebro y adecuarlo al de los órganos sexuales del cuerpo?

Uno de los efectos conocidos del pico de hormonas sexuales masculinas que sucede tras el nacimiento es la de incrementar las conexiones neuronales y de otras células llamadas astrocitos, en áreas del cerebro que, cuando adulto, controlan el comportamiento de copulación de los machos. Si durante la vida fetal los cerebros de machos y hembras son virtualmente idénticos, gracias a las hormonas masculinas se hacen bastante diferentes en estas zonas tras el nacimiento.

Curiosamente, el pico de secreción de hormonas masculinas no puede producirse en cualquier momento, sino en un periodo muy concreto. Si se produce fuera de ese momento, no surte efecto, y el cerebro sigue siendo hembra. Así pues, un error en el tiempo de secreción de las hormonas puede causar igualmente que el sexo del cerebro no sea adecuado al sexo del cuerpo.

Todas estas consideraciones están muy bien, pero aún no hemos respondido a la pregunta anterior. ¿Cómo consiguen las hormonas sexuales incrementar las conexiones neuronales y entre los astrocitos?

Esto era desconocido hasta hace alrededor de un año, cuando un grupo de investigadores de la Universidad de Maryland, en los EE.UU., reveló lo que sucedía[1]. Como ya no debería ser una sorpresa para aquellos que conocen algo de biología moderna, el asunto implica, como tantas otras veces, el control del funcionamiento de ciertos genes.

QUÍMICA SEXUAL DEL ADN

Hasta entonces se creía que el efecto de las hormonas se traducía en una acción directa sobre el funcionamiento de algunos genes del cerebro, es decir, sobre la fabricación de ARN mensajero que luego se traduciría a proteínas que capacitarían la remodelación de las conexiones neuronales. Sin embargo, los investigadores demuestran que eso no es así. Las hormonas afectan, en realidad, al funcionamiento de un enzima "metilador", el cual modifica químicamente el ADN, añadiéndole los llamados grupos metilo (un grupo de átomos formado por uno de carbono y tres átomos de hidrógeno, $-CH_3$), que lo recubren en las zonas que hacen funcionar los genes. Esta capa de grupos metilo impide que las proteínas que activan los genes puedan acceder a ellos.

Los investigadores descubren que las hormonas masculinas disminuyen de manera muy importante la actividad de este enzima "metilador" en ciertas regiones del cerebro, lo que consigue que los genes no estén recubiertos de grupos metilo y puedan funcionar a mayor intensidad. Esta disminución de la actividad del enzima sucede tanto en ratas macho como

1 Nugent, B.M., Wright, C.L., Shetty, A.C., et al (2015). Brain feminization requires active repression of masculinization via DNA methylation. *Nature Neuroscience* doi: 10.1038/nn.3988.

en hembras a las que "masculinizan" cerebralmente mediante la administración de una dosis de hormonas masculinas en el momento adecuado tras el nacimiento.

Cuando analizan los cambios sucedidos en los cerebros de machos y hembras hormonalmente masculinizadas, ven que estos son muy similares, pero diferentes de los de las hembras normales, lo que indica que podría ser la disminución del enzima "metilador" la responsable de las diferencias entre cerebros de machos y hembras. Para comprobar de manera definitiva que es así, los científicos generan una raza de ratas a las que les han eliminado el gen que produce este enzima. En ausencia completa del enzima, los cerebros de estos animales se convirtieron en machos, aunque el cuerpo fuera hembra. De hecho, las hembras de estas ratas, al llegar a la madurez sexual, se comportaron como machos, intentando copular con otras hembras con un pene que no era sino imaginario.

Estos estudios indican que, si algo similar sucede en el caso humano, como es lo más probable, habrá personas que, por diversos problemas hormonales o del funcionamiento del enzima "metilador" tras el nacimiento, acabarán con un cuerpo que no corresponderá a como su cerebro les informa que deben sentirse con respecto a su sexo. Serán personas homosexuales o transexuales. Me apresuro a aclarar que no por ello estas personas están enfermas. Simplemente sufren de otra condición humana más, como son las de nacer altos, bajos, listos, tontos, con ojos azules o negros, hombres o mujeres. No podemos escapar de nuestras condiciones humanas. Nadie puede.

Sin embargo, estas personas siguen siendo discriminadas e injustamente tratadas en muchas partes del mundo por desconocimiento de estos hechos biológicos. Puede ser lamentable, pero no por ello es menos cierto que la secreción correcta de hormonas y el desempeño correcto de sus efectos no es una decisión libre, que es lo único que puede justificar un castigo, penal o social. Esperemos pues que este conocimiento desvelado por la ciencia, una vez más, ayude al progreso, también ético y moral, de la Humanidad.

17 de abril de 2016

EN BUSCA DE GENES DEL ENVEJECIMIENTO SANO

La elevada longevidad de muchas personas solo es posible gracias a la ciencia y medicina modernas

EN ESTOS TIEMPOS que corren nunca tanta gente había vivido tanto tiempo. Hoy no es raro esperar vivir muchos años y cada vez más personas alcanzan una edad avanzada. Existen buenas razones para ello, a pesar de los actuales recortes, que tarde o temprano se traducirán también en recortes en longevidad.

Puesto que cada vez mayor porcentaje de personas alcanza la tercera edad y vive muchos años, los problemas asociados con el envejecimiento han adquirido una importante relevancia, tanto social como médica. Las investigaciones en este tema se intensifican con la esperanza de aprender a mitigar las enfermedades que, inevitablemente, lleva asociado el envejecimiento, las cuales no son pocas. La larga vida nos dispensa casi siempre problemas de salud que atañen, entre otras cosas, a las articulaciones, a la circulación sanguínea, y a las capacidades cognitivas, en particular a la memoria.

Han sido los individuos muy longevos, con edades a veces superiores a los cien años, y que, además, suelen pertenecer a familias longevas, los más estudiados por la ciencia para intentar comprender los mecanismos biológicos que pueden estar asociados a una elevada longevidad. Desgraciadamente, estos estudios no han revelado por el momento demasiadas cosas útiles. Sabemos hoy que el envejecimiento está relacionado con el declive de la función de las mitocondrias (los orgánulos celulares encargados de extraer energía química útil de los nutrientes a través de la respiración) y con ciertas variantes de algunos genes, pero este conocimiento no ha puesto de manifiesto sino unos pocos mecanismos fisiológicos que puedan proteger de las enfermedades asociadas con el envejecimiento.

Y es que el estudio de las personas longevas en nuestros días acarrea un serio problema. Las personas que hoy tienen muchos años han llegado a conseguirlo, en general, gracias a intervenciones médicas, a operaciones quirúrgicas o a tratamientos farmacológicos que curan, mitigan o retrasan el avance de enfermedades propias de la edad. Existen hoy muy pocos centenarios que lo sean sin haber sido tratados médicamente por alguna cosa, o que no estén siendo seguidos frecuentemente por un médico. En otras palabras, la elevada longevidad de muchas personas solo es posible gracias a la ciencia y medicina modernas. Estudiar a estas personas, por tanto, puede no resultar útil para averiguar las causas fisiológicas o genéticas que explican la longevidad. Para ello, deberíamos estudiar a los poquísimos sujetos que han envejecido en buena salud sin necesidad de tratamiento médico alguno. Resulta complicado.

SECUENCIACIÓN INTERMINABLE

Para intentar resolver estos problemas antes de hacerse demasiado viejos en el intento, investigadores de varios centros de investigación y universidades estadounidenses deciden abordar sus estudios de una nueva forma, aprovechando las enormes posibilidades tecnológicas de secuenciación del ADN de las que se dispone hoy, combinadas con las gigantescas capacidades de análisis informático de los datos adquiridos[1].

Estas nuevas tecnologías permiten hoy secuenciar y comparar entre sí los genomas, no ya de dos sujetos, sino de un conjunto de personas de diferentes grupos. En este caso, los investigadores deciden analizar los genomas completos de personas ya mayores, (de una media de edad mayor de 80 años), pero que no han mostrado problemas de salud hasta el momento y no están tomando medicación. Los investigadores no saben si entre las 1.354 personas que estudian en este grupo habrá finalmente algunas muy longevas o no. Solo saben que, de momento, han estado sanas, lo que puede indicar que algunos vivirán hasta incluso superar el siglo, pero esto es solo una suposición.

1 Erikson et al., Whole-Genome Sequencing of a Healthy Aging Cohort, Cell (2016), http://dx.doi.org/10.1016/j.cell.2016.03.022.

A este grupo de personas mayores sanas lo comparan con un grupo similar, desde el punto de vista de la raza y de otras características genéticas, de personas más jóvenes, representativas de la población estadounidense en general. Estas personas también están sanas, pero no sabemos si se pondrán enfermas al alcanzar la edad de las del otro grupo, ni tampoco si vivirán mucho o poco.

Curiosamente, existen ya interesantes diferencias entre los dos grupos. Las personas mayores sanas hacen ejercicio con más frecuencia, están algo más delgadas de la media y han alcanzado un alto nivel de educación en relación a la población en general. Además, tienen hermanos que han vivido más años de la media, lo que sugiere que un componente genético puede también influir en la longevidad en buena salud.

Tras secuenciar los genomas de estas personas y compararlos, en busca de características genéticas que pudieran ser diferentes entre ambos grupos –lo cual se me antoja una tarea más que hercúlea–, los investigadores concluyen que las personas mayores sanas poseen un perfil genético diferente de la población general, pero que es también diferente en alguna medida del que poseen las personas muy longevas. Entre las características genéticas más importantes se encuentran una menor presencia de variantes génicas asociadas con la enfermedad de Alzheimer y con la enfermedad cardiovascular. Además, los investigadores identifican variantes genéticas en la población de mayores sanos que parecen estar asociadas con un menor declive cognitivo general.

La cantidad de datos acumulada es astronómica y queda mucho por analizar para extraer conclusiones válidas. Por esta razón, los investigadores ponen a disposición de la comunidad científica los datos adquiridos, para el análisis y el debate. Es de esperar que de ellos pueda extraerse conocimiento que permita desarrollar fármacos o estrategias de intervención para posibilitar envejecer en buena salud a quienes no han tenido la suerte de haber heredado los genes del envejecimiento sano.

24 de abril de 2016

EVOLUCIÓN DE LA PELVIS HUMANA

Un maravilloso mecanismo consigue que la pelvis femenina adquiera la forma más adecuada para su función

UNO DE LOS hechos que más chispa otorga a la vida es el dimorfismo sexual, es decir, las diferencias de forma entre el sexo masculino y el femenino, no solo de los seres humanos, sino de otras muchas especies animales. No cabe duda de que la vida sería mucho más aburrida, y tranquila, de no existir esas diferencias y, puesto que existen, mi consejo es que las disfrutemos mientras nos sea posible, siempre con responsabilidad y moderación, por supuesto.

Desde el punto de vista de la ciencia, en cambio, los hechos existen no solo para disfrutarlos como tales, sino también para disfrutar explicándolos. Y no todos los hechos sobre las diferencias entre la anatomía de hombres y mujeres han encontrado todavía explicación.

En particular, una diferencia notable, que ejerce además un efecto importante sobre el atractivo sexual, es la forma de la pelvis, cuya parte trasera es, en general, muy apreciada. La pelvis, como sabemos, es la parte inferior del tronco, y conecta a este con las extremidades inferiores. En ella se sitúa el hueso pélvico que muestra importantes diferencias entre hombres y mujeres.

Se han postulado diversas hipótesis para intentar explicar estas diferencias. La práctica totalidad de ellas se apoya en la idea de que la forma y dimensiones de la pelvis femenina están condicionadas principalmente por la necesidad de dar nacimiento, a su través, a un bebé con una cabeza de dimensiones considerables, comparada con las de otros primates. Sin embargo, aunque este factor puede ser importante, otros también ejercen sus efectos, como mantener una buena capacidad para desplazarse y conseguir una adecuada estabilización de la cavidad abdominal. Por tanto, la pelvis, tanto masculina como femenina, se ha encontrado sometida a diversas fuerzas evolutivas que han contribuido a la forma que hoy posee.

Teniendo en cuenta estas consideraciones, una de las hipótesis más importantes postuladas para explicar las diferencias entre las pelvis de hombres y mujeres es la conocida como el dilema obstétrico, propuesta por Washburn en 1960. En su postulado original, el dilema obstétrico sostiene que existe un conflicto entre la evolución de la locomoción bípeda (que favorecería la selección de pelvis estrechas) y el nacimiento de bebés con grandes cabezas (que favorecería la selección de pelvis anchas). Según Washburn, este dilema condujo, en el caso humano, a nacimientos cada vez más prematuros, y esa es la razón por la que el ser humano nace tan poco desarrollado en comparación con otros primates.

Esta hipótesis tiene la ventaja de que intenta explicar por qué las mujeres tienen las pelvis más anchas que los hombres, por qué su capacidad de locomoción es, en general, menor que la de estos, y por qué nacemos los humanos tan desvalidos y tan necesitados del cuidado de nuestros progenitores. Además, también proporciona una razón a la elevada tasa de partos obstruidos que sufren las mujeres, que son aquellos en los que la cabeza del bebé no puede salir fácilmente a través de la pelvis de la madre y es necesario ayudar a su paso por diversos métodos de extracción, o incluso realizar una operación cesárea. La tasa elevada de partos obstruidos sería resultado del conflicto evolutivo entre una locomoción adecuada (necesaria para escapar de predadores, entre otras cosas), y el nacimiento de bebés con grandes cerebros.

GEOMETRÍA Y MORFOMETRÍA

Por razonable que pueda parecer, esta hipótesis, como todas, necesita ser confirmada o refutada por las observaciones. En los últimos años, gracias a los avances de la biología y de la medicina, se ha examinado con más detalle, y se han encontrado algunos hechos que la invalidarían. Uno de ellos, del que ya hablé en esta página, es que la duración de la gestación humana no depende de que se alcance una talla determinada de la cabeza del bebé, sino de la tasa metabólica de la madre en relación a lo que cuesta mantener al feto[1]. Además, estudios de biomecánica por métodos modernos no apoyan tampoco que una mayor anchura de la pelvis, dentro

1 http://jorlab.blogspot.com.es/2012/11/normal-0-false-false-false-en-us-ja-x.html.

de los parámetros observados en las mujeres, afecte negativamente a la capacidad de locomoción.

Estas nuevas observaciones indican que la hipótesis del dilema obstétrico es falsa. Sin embargo, otras observaciones la apoyan. Por ejemplo, las madres de cabeza grande, que suelen tener hijos también de cabeza grande (esta característica es muy heredable), tienen unas proporciones pélvicas en consonancia con el tamaño de la cabeza, lo que indica que ambos tamaños están relacionados.

Investigadores de la universidad de Zúrich, en Suiza, y de Lovaina, en Bélgica, deciden ahora explorar este asunto en profundidad. Para ello, los científicos analizan por avanzadas técnicas de imagen biomédica y mediante análisis geométricos y morfométricos, la evolución de la forma de la pelvis femenina desde el nacimiento hasta la menopausia[2].

Estos estudios encuentran algo inesperado: Hasta la pubertad, el desarrollo y la forma de la pelvis es muy semejante entre hombres y mujeres; al alcanzar la pubertad, todo cambia, la pelvis femenina sufre una expansión y cambio morfológico que la hace más adecuada para los partos que, sin duda, se avecinan. Estos cambios se mantienen hasta aproximadamente los cuarenta años de edad. A partir de ese momento, cuando los nacimientos ya no van probablemente a producirse, la pelvis femenina vuelve a asumir una morfología y un desarrollo similares a los de los hombres. Los investigadores suponen que estas complejas modificaciones están asociadas a los cambios hormonales que se producen durante la pubertad y la menopausia.

Parece, por tanto, que la evolución humana ha desarrollado un maravilloso mecanismo, el cual consigue que la pelvis femenina adquiera la forma más adecuada para su función en distintas etapas de la vida de la mujer. ¡Viva la diferencia!

1 de mayo de 2016

2 Alik Huseynova, et al. (2016). Developmental evidence for obstetric adaptation of the human female pelvis. www.pnas.org/cgi/doi/10.1073/pnas.1517085113.

LA OBEDIENTE OBESIDAD DEL LABRADOR

El temperamento de estos perros es muy gentil y sociable y pueden ser fácilmente entrenados

TAL VEZ EL mayor experimento genético no intencionado de la historia sea la generación de las diferentes razas de perros. Estos animales derivan de la crianza y selección de lobos ancestrales desde hace al menos 27.000 años, de acuerdo a los últimos estudios.

A pesar de que la domesticación del perro comenzó hace milenios, las razas caninas actuales se han producido desde hace solo unos pocos cientos de años, a lo sumo. La selección intencionada y sistemática de ejemplares con diferentes características buscadas por los humanos ha producido cientos de razas, y ha dado lugar a la especie animal con mayor diversidad de rasgos morfológicos (talla, color, forma del hocico...) y de comportamiento (obediencia, agresividad...) existente en la Naturaleza.

Cada raza canina posee unos claros atributos que la diferencian de las demás, y aunque, como sucede con los humanos, cada ejemplar de perro es único, es también cierto que ejemplares de la misma raza comparten características físicas y psicológicas en alto grado. Gracias a la ciencia, hoy sabemos que estas características están determinadas por las variantes de genes que se han ido produciendo a lo largo de la cría y selección de estos animales, y que han acabado siendo patrimonio de unas razas y no de otras.

Claro que una cosa es saber que las diferencias entre las razas de perro se deben a variaciones en los genes y otra diferente es saber qué genes están implicados en cualidades concretas. Algunos estudios han abordado este tema, y con ellos se han ido descubriendo, al menos en parte, las causas genéticas que explican la enorme diferencia de tamaño entre un chihuahua (el perro más pequeño) y un lobero irlandés (el perro de mayor altura media), o la piel arrugada del perro Shar-Pei, entre otras particularidades.

Una de las características perrunas más importante y apreciada por los humanos es la obediencia. Tampoco todas las razas de perro son iguales en este aspecto, y mientras algunas parecen que "van a su bola" (aunque esto puede también depender de la negligencia de algunos propietarios para educarles), otras no cesan un minuto de estar pendientes de los menores movimientos de sus amos y parece que no podrían vivir sin estar a su lado. La literatura y el cine han plasmado historias muy entrañables sobre este tema.

Debido a estas diferencias, algunas razas de perro son preferidas frente a otras para determinadas tareas. Una de las más obedientes y solícitas, así como una de las más inteligentes, es la del perro Perdiguero del Labrador, también conocido como *Labrador retriever*, por su nombre en inglés. Es esta una raza originaria de Terranova; de un tamaño bastante grande, aunque no tanto como un pastor alemán. El temperamento de estos perros es muy gentil y sociable y pueden ser fácilmente entrenados para realizar diversas tareas, incluidas la de formar parte de brigadas caninas antidroga o la de servir de animal de compañía y guía para ciegos y discapacitados, lo que no cualquier perro puede hacer.

Otra de las peculiaridades llamativas de esta raza es su gran apetito. Los perros Labradores suelen ser siempre muy solícitos a la hora de pedir comida a sus amos, mucho más que lo son otras razas de perro. Esto fuerza a los propietarios de estos perros a cuidar la cantidad de comida que les proporcionan o, de otro modo, los perros se convierten en obesos.

COMPARATIVA GENÉTICA

Puesto que esta característica debe estar sustentada en variantes de ciertos genes, investigadores de varias universidades británicas y suecas decidieron intentar averiguar qué gen o genes podrían estar implicados en la tendencia a la obesidad de los Labradores. Tal vez averiguarlo permitiría identificar genes que posiblemente estuvieran también implicados en la tendencia a la obesidad de algunas personas, lo que podría resultar de interés para luchar contra la epidemia de obesidad existente.

Los investigadores compararon a 15 Labradores de peso normal con 18 Labradores obesos. Inicialmente se centraron en tres genes ya conocidos por participar en el desarrollo de la obesidad en los seres humanos. Encontraron así que los Labradores obesos sufrían de una modificación importante en el gen denominado POMC, el cual produce la propiomelanocortina en la glándula pituitaria[1]. Esta es una proteína precursora de múltiples hormonas peptídicas (formadas por cortas cadenas de aminoácidos) que ejercen varias acciones. Entre estas hormonas se encuentran la beta-endorfina y la beta-MSH. Esta última hormona participa de forma importante en el control del apetito.

Los Labradores con esta mutación en el gen POMC no podían producir esta hormona, lo que les aumentaba el apetito. El estudio genético de otros 310 perros Labradores reveló que aquellos que tenían el gen POMC mutado eran los que más insistentemente pedían comida a sus amos y los que mostraban un mayor peso corporal.

Curiosamente, los investigadores encuentran también que aquellos perros Labradores que han sido elegidos y entrenados para asistir a personas discapacitadas poseen esta mutación en el gen POMC con mucha mayor frecuencia que el resto. Al parecer, la mutación hace a estos ejemplares mucho más sensibles a las recompensas alimenticias, por lo que pueden ser entrenados con mayor facilidad mediante pequeñas porciones de alimento que los de la misma raza que carecen de esta mutación. Así pues, la obediencia y atención de estos perros parece estar asociada a su apetito y a su tendencia a la obesidad, la cual depende de una mutación en el gen POMC.

Aunque estos estudios no parecen, de momento, ser de gran ayuda para las personas obesas, al menos permiten a los propietarios de perros Labradores comprender las causas de su comportamiento y, si desean evitar que engorden demasiado, a mantenerse firmes ante sus miradas de indefensos y hambrientos corderitos, y ante sus gemidos de fingida desesperación.

8 de mayo de 2016

1 Raffan et al., 2016, Cell Metabolism 23, 1–8 May 10, 2016. http://dx.doi.org/10.1016/j.cmet.2016.04.012.

EDICIÓN DE GENES EN EMBRIONES VIVOS

La cantidad de información que puede extraerse de la Naturaleza es virtualmente infinita

UNO DE LOS principales objetivos de la ciencia es conseguir extraer información sobre la Naturaleza cada vez en mayor cantidad y cada vez más precisa. Para ello, los científicos hacen uso de los avances de la tecnología o, en su defecto, ayudan a generar los avances tecnológicos necesarios. Aumentar la capacidad de explorar la realidad con nuevos métodos permite adquirir más conocimiento, lo que resulta imprescindible para comprender los fenómenos naturales y, en su momento, poder intervenir para modularlos.

La cantidad de información que puede extraerse de la Naturaleza es virtualmente infinita. Imaginemos, si no, lo que sería conocer la dinámica, asociaciones y funcionamiento de todos los genes y proteínas de un embrión a lo largo del espacio y del tiempo mientras se desarrolla a partir del óvulo fecundado. La magnitud de la información sobre este proceso vital tan importante para el mantenimiento de la vida animal es más que astronómica.

No hay duda de que ir consiguiendo información, aun poco a poco, sobre lo mencionado arriba podría ayudar a comprender, en un nivel mucho más profundo del que podemos hacerlo hoy, el funcionamiento de los procesos vitales que conducen a generar un ser pluricelular perfectamente organizado. Esto permitiría, a su vez, avanzar en la comprensión de los problemas que pueden surgir durante el desarrollo y que generan malformaciones o enfermedades. Este nuevo conocimiento podría ayudar a solucionar o incluso a evitar esos problemas.

Hasta ahora, los investigadores han ido adquiriendo información sobre este proceso con las técnicas disponibles. Estas incluyen el análisis de la producción, a partir de los genes, de ARNs mensajeros (los que contienen la información genética para producir proteínas), los cuales revelan qué genes están funcionando. También incluyen el análisis de la presencia de proteínas concretas mediante el empleo de anticuerpos que se unen a ellas.

Como sabemos, los anticuerpos son proteínas de las defensas que se generan en respuesta a la amenaza de algún microorganismo. Los anticuerpos se unen a moléculas de la superficie de los microorganismos, lo que bien impide que infecten a las células, bien facilita su eliminación. Gracias a la comprensión de los mecanismos de su producción, hoy podemos generar en animales anticuerpos contra virtualmente cualquier proteína.

Con la ayuda de anticuerpos como herramientas de detección, cada uno de ellos uniéndose idealmente a solo una proteína concreta, puede irse siguiendo la aparición y desaparición de proteínas particulares a lo largo del desarrollo de un embrión de un animal de laboratorio. Este análisis puede asociarse al del funcionamiento de los genes mediante el estudio de la generación de ARNs mensajeros.

En el caso de las proteínas, esta investigación, en general, implica, entre otros métodos, la generación de una "sopa" a partir de órganos del embrión, la cual contiene de forma soluble la mayoría de las proteínas de dichos órganos en un momento particular de su desarrollo. Estas proteínas pueden, en primer lugar, separarse por métodos físico-químicos (aprovechando sus diferencias de carga, de masa, de solubilidad, etc.). Tras esta separación inicial, las proteínas se ponen en contacto con un anticuerpo que solo se une a una de ellas. La unión revelará tanto su presencia o no, como su cantidad aproximada. Repitiendo el proceso con órganos en diferentes momentos del desarrollo, podemos ir averiguando la evolución de la presencia o ausencia de proteínas concretas.

GENES FLUORESCENTES

Estos métodos, además de tediosos, son bastante crudos. Por otra parte, tampoco son del todo fiables, porque los anticuerpos no revelan la presencia de la proteína con la limpieza que sería de desear, ya que, en ocasiones, pueden unirse a otras proteínas diferentes de las que deseamos estudiar.

Un nuevo procedimiento puede ahora facilitar enormemente la identificación de proteínas y su localización dentro de la célula durante el desarrollo embrionario. Investigadores del Instituto Max Planck de Florida, en EE.UU., han ideado un ingenioso método para añadir a cualquier gen que deseemos un fragmento conocido de ADN que produce una proteína fluorescente, convirtiendo así a la proteína producida por el gen también en fluorescente. La proteína fluorescente puede ponerse de manifiesto iluminándola con una luz de un color, lo que causa que emita una luz de un color diferente, por ejemplo, rojo.

Para añadir y fusionar el fragmento fluorescente a cualquier gen, los científicos hacen uso de la tecnología CRISPR, una novísima técnica que permite modificar la información genética prácticamente a voluntad. Quien lo desee puede informarse sobre ella en mi programa CRISPR, de la serie Hablando con Científicos[1]:

Mediante el empleo de campos eléctricos aplicados al embrión de un ratón en desarrollo, los investigadores son capaces de introducir en las células cerebrales las moléculas del sistema CRISPR necesarias para editar los genes y conseguir que el que han elegido sea modificado de la manera descrita arriba y produzca así una proteína fluorescente[2].

Una vez conseguido esto, ahora los investigadores son capaces de analizar la presencia de la proteína en las células cerebrales simplemente iluminándolas bajo el microscopio con una luz de la frecuencia adecuada para inducir la fluorescencia. Los investigadores informan que con esta técnica han podido seguir la evolución de numerosas proteínas durante el desarrollo del cerebro, y esto en numerosas regiones de este órgano.

Por supuesto, aunque los fines de esta metodología son, por el momento, puramente científicos, a nadie se le escapa que en el futuro tal vez pueda ser utilizada para corregir errores genéticos de un embrión incluso durante su desarrollo, aunque es de esperar que otros avances sean capaces de evitar esos problemas antes de que surjan.

15 de mayo de 2016

---

1 http://cienciaes.com/entrevistas/2016/03/03/crispr-con-jorge-laborda/.

2 Mikuni et al., High-Throughput, High-Resolution Mapping of Protein Localization in Mammalian Brain by In Vivo Genome Editing, Cell (2016), http://dx.doi.org/10.1016/j.cell.2016.04.044.

ERROR SEXUAL NO TAN FATAL

Dicen que nunca es tarde para aprender, pero en cuestión de sexo más vale darse alguna prisa

EL PRIMER EJEMPLO que recuerdo acerca de la ignorancia de la gente corriente sobre los aspectos más mundanos de la ciencia me lo dio una de mis tías. Era en la época en la que yo me acababa de enterar cómo se hacía el acto sexual. ¡Qué tiempos! Hablando con ella y con mis padres sobre este asunto, que me hacía sentir ya casi adulto, aunque aún era un niño, no sé por qué comenté que todos los animales lo hacían también, a lo que mi tía respondió muy sorprendida diciendo que eso no lo sabía y que creía que solo lo hacíamos nosotros, los humanos. Al parecer en su cabeza no cabía que los animales disfrutaran del sexo, o pecaran con él.

Este nivel de ignorancia sobre un aspecto de la ciencia tan interesante como el sexo sorprende, pero puede tener explicación. Al fin y al cabo, mi pobre tía había sido educada en la postguerra civil, y es difícil imaginar la cantidad de barbaridades que le enseñaron y, sobre todo, lo que decidieron no enseñarle por el bien de su alma.

En relación al sexo, del que tanto nos cuesta hablar, creo que el nivel de ignorancia en nuestra sociedad es todavía bastante alto. Lo digo por lo que yo mismo desconocía sobre este tema y he ido aprendiendo con los años. Dicen que nunca es tarde para aprender, pero en cuestión de sexo más vale darse alguna prisa.

Por ejemplo, el problema de los transexuales y homosexuales sigue estando de actualidad, pero a pesar de que aparece en las noticias con frecuencia, me atrevo a afirmar que, como creía mi tía, muchos pensarán que este asunto es propiamente humano y que los animales no tienen comportamientos sexualmente inadecuados (que llamaré CSI para abreviar). Sin embargo, esto no es cierto. La investigación en Biología ha demostrado que todas las especies animales tienen CSI. Este comportamiento inadecuado se limita, en general, a intentar establecer relaciones sexuales con individuos del mismo sexo, y es más común en los machos.

Como siempre en ciencia, una vez se confirma un hecho, es importante encontrarle una explicación. En este caso, la explicación propuesta, sobre todo para el caso de los machos, es que estos, de vez en cuando, confunden a otros machos con hembras. Esta confusión sería el resultado de una escasa selectividad sexual que facilitaría a los machos no hacer ascos a ninguna hembra, con el resultado de una mayor probable descendencia. El precio a pagar por esta falta de gusto sexual sería que, en ocasiones, no habría descendencia posible, al cometer un error sexual fatal.

DESLIZ VENTAJOSO

El problema con esta explicación es que los comportamientos estériles tienden a ser eliminados por la selección natural. Parece claro que los machos de mayor éxito reproductivo serán los que no se equivoquen al distinguir entre ambos sexos. Por consiguiente, la selección natural hubiera debido favorecer una exquisita distinción sexual en todas las especies. Esto no ha sucedido. ¿Por qué?

Así pues, la hipótesis anterior parece contradecir la propia selección natural. Por si fuera poco, carece también de evidencias científicas sólidas, lo que siempre es necesario en Biología para aceptar una teoría como probablemente cierta.

Afortunadamente, la mencionada arriba no es la única explicación posible. Otra hipótesis alternativa defiende que el CSI se ha mantenido a lo largo de la evolución porque, aunque puede generar desventajas reproductivas al sexo que más lo sufre en una especie dada, genera ventajas al otro sexo. La suma de ventajas y desventajas entre ambos sexos sería, no obstante, positiva, y la capacidad reproductiva global de la especie sería así superior a la que se hubiera conseguido con una distinción sexual infalible.

La hipótesis anterior, de ser cierta, implicaría que en familias de animales en las que los machos no distinguen bien entre los dos sexos, sus hermanas, en cambio, tendrían mayores probabilidades de tener descendencia que las hembras de las familias en las que los machos distinguen mejor entre los dos sexos. Finalmente, pues, la selección natural no podría desembarazarse de los genes responsables de una mala distinción sexual porque, en el fondo, no supondrían una desventaja reproductiva para la especie.

Para comprobar si esta hipótesis era o no correcta, investigadores de la Universidad de Uppsala, en Suecia, realizan una serie de experimentos evolutivos con un pequeño escarabajo, *Callosobruchus maculatus*, que se alimenta de semillas leguminosas. Los investigadores criaron a este escarabajo en el laboratorio y seleccionaron durante varias generaciones a los machos y hembras que mostraban un mayor CSI. De este modo, los científicos consiguieron generar "razas" de este insecto que mostraban, en machos o en hembras, una tendencia al CSI muy superior a la normal[1].

Obviamente, estos datos ya confirman que la tendencia a un mayor o menor CSI es de origen genético, puesto que, de otro modo, no hubiera sido posible aumentar la incidencia de este comportamiento mediante selección artificial. En estas nuevas "razas" de escarabajos, los investigadores estudian qué sucede con la capacidad reproductora del sexo opuesto, es decir, el que no se ha seleccionado por su CSI. Lo que encuentran confirma su hipótesis, ya que comprueban que su capacidad reproductora es superior en ambos casos.

Aunque realizados solo con insectos, estos estudios aportan una razón evolutiva a un comportamiento sexual extraño, un hecho biológico que, no obstante, se produce en todas las especies animales estudiadas. Y es que, como dijo el biólogo Theodosius Dobzhansky, es muy cierto que nada en Biología tiene sentido sino bajo la luz de la evolución.

22 de mayo de 2016

---

1 Berger et al. Sexually antagonistic selection on genetic variation underlying both male and female same-sex sexual behavior BMC Evolutionary Biology (2016) 16:88. DOI 10.1186/s12862-016-0658-4.

MICROBIOS Y ALZHEIMER

Todos los animales, sin excepción, debemos defendernos de los microorganismos

COMO SABEMOS, LA enfermedad de Alzheimer está caracterizada por una degeneración neuronal progresiva que, en su inicio, conduce a pérdida de memoria de sucesos recientes. Más tarde aparecen problemas de lenguaje, desorientación, cambios de humor, pérdida de motivación y desinterés por el cuidado personal. El avance de la enfermedad conduce al aislamiento familiar y social y, finalmente, a la muerte.

Hoy sabemos que uno de los factores asociados a la progresión de esta enfermedad es la acumulación en el cerebro de las llamadas placas amiloides. Estas placas están formadas por agregados de la proteína denominada beta-amiloide (BA), la cual proviene del procesamiento enzimático de la proteína precursora amiloide. Una elevada producción de proteína precursora puede generar mayor cantidad de proteína BA. Si algunas de las moléculas se pliegan mal en el espacio, lo cual es más probable cuantas más moléculas haya, estas proteínas mal conformadas pueden acelerar la agregación de varias moléculas BA. Estos agregados son los que forman las placas amiloides, que son insolubles, resistentes a la degradación, y matan a las neuronas.

En general, la producción de proteína BA y la formación de placas amiloides se han considerado procesos patológicos anormales. De acuerdo a esta idea, la proteína BA sería un producto metabólico sin utilidad, cuya acumulación anormal resultaría tóxica para las neuronas. Sin embargo, esta idea choca frontalmente con el hecho de que el gen que produce esta proteína se encuentra presente en especies animales que van desde el pepino de mar –que no tiene un verdadero cerebro, al igual que ese en que está pensando– hasta el ser humano.

La conservación de un gen a lo largo de la evolución y por un largo periodo de tiempo indica bien a las claras que el gen debe realizar una función importante para la supervivencia. No es posible, por tanto, que el gen de la proteína BA exista con el propósito de causar la enfermedad de Alzheimer. Obviamente, no.

Por esta razón, se han realizado numerosos estudios para intentar descubrir la función normal de la BA en el cerebro. Se ha encontrado un poco de todo. Algunos afirman que la BA protege del estrés oxidativo; otros, que participa en el transporte del colesterol al cerebro; aun otros afirman que afecta al funcionamiento de ciertos genes y, finalmente, otros mantienen que es un agente antimicrobiano.

NO LE IMPORTA AL PEPINO

Si las primeras propuestas son dudosas, ya que no todas las especies que poseen este gen, en particular el pepino de mar, necesitan de las mismas funciones relativas al colesterol o al estrés oxidativo (¿puede un pepino de mar sufrir estrés, oxidativo o no?), la última propuesta, que la proteína BA puede ser un agente antimicrobiano, sí parece plausible para una función que debe ser conservada a lo largo de la evolución.

Esto es así por varias razones. La primera es que numerosos péptidos (proteínas de pocos aminoácidos de longitud) son agentes antimicrobianos. De hecho, el número de aminoácidos de la proteína BA es similar al de los péptidos antimicrobianos. La segunda razón es que la función antimicrobiana sí justificaría que el gen se haya conservado a lo largo de la evolución, ya que todos los animales, sin excepción, debemos defendernos de los microorganismos. Los péptidos antimicrobianos ejercen sustanciales funciones defensivas no solo frente a bacterias, sino también frente a hongos, virus y protozoos. Por último, una tercera razón es que, curiosamente, los péptidos antimicrobianos pueden también formar placas o fibrillas, al igual que la BA, y pueden causar patologías de tipo amiloide en órganos diferentes del cerebro, como en la vesícula seminal o en el corazón.

Por las razones mencionadas, la hipótesis de que la proteína BA podría funcionar como un péptido antimicrobiano parece la más probable. Para confirmarla, científicos del Hospital General de Massachusetts realizan una serie de elegantes experimentos con ratones y gusanos de laboratorio (¡Cuidado! Estos últimos podrían ser confundidos con becarios de investigación en España), así como con neuronas cultivadas en incubadoras a 37°C[1].

Los investigadores utilizan una raza de ratón transgénico que posee el gen humano de la proteína BA y la produce en el cerebro en elevada cantidad. Pues bien, estos animales sobrevivieron mucho más que los normales a infecciones cerebrales causadas por inyecciones de la bacteria *Salmonella typhimurium* en sus cerebros. Además, ratones que carecen de su propio gen BA mueren con mayor frecuencia frente a esta infección.

Igualmente, los gusanos de laboratorio transgénicos, que producen mayores niveles de BA humana, también sobrevivieron mejor frente a infecciones de Salmonella y del hongo *Candida albicans*. Finalmente, las neuronas incubadas que producían mayor cantidad de proteína BA humana también se vieron protegidas frente a la infección. Curiosamente, la proteína BA humana mostró una potencia protectora mil veces superior a la de otras proteínas BA sintéticas.

Los investigadores averiguan también que esta superior capacidad antimicrobiana depende de la capacidad de la proteína BA humana para formar agregados. Son estos los que se adhieren a los microbios e impiden la invasión y su crecimiento. Por desgracia, la capacidad protectora y patológica parecen depender de la misma propiedad de formar agregados de la BA.

Estos estudios sugieren que un factor de riesgo para la enfermedad de Alzheimer podría ser una infección o un proceso inflamatorio en el cerebro que induzca una mayor producción de BA , sea este proceso producido por un microorganismo o no. Serán necesarios otros estudios para confirmar esta intrigante y preocupante posibilidad.

29 de mayo de 2016

---

1 Deepak Kumar et al. Amyloid-b peptide protects against microbial infection in mouse and worm models of Alzheimer's disease. Science Translational Medicine (2016). Vol 8(340), pp. 1. http://stm.sciencemag.org/content/8/340/340ra72.

EL ORIGEN DE LA VIDA A TRAVÉS DEL ESPEJO

El descubrimiento de la quiralidad es uno de los hitos más importantes de la Química

LE ASEGURO QUE el reciente estreno de la película Alicia a través del espejo no tiene nada que ver, pero voy a hablar hoy de un tema que, lo crea o no, jamás he tratado en ninguno de mis artículos: la asimetría química de la vida.

Tal vez esté familiarizado con este asunto por alguna novela de ciencia-ficción o fantasía (no necesariamente la de Alicia) o alguna serie de televisión. La más conocida quizá sea Breaking bad. En ella, el químico protagonista inventa un método de producción de la droga metanfetamina, un potente psicoestimulante, que genera una elevada pureza no solo química, sino también quiral.

¿Qué es esto de pureza quiral? La palabra "quiral" deriva del griego "cheir" que significa mano. Las dos manos que tenemos no son iguales, obviamente, y la una es la imagen especular de la otra (salvo pecas u otras imperfecciones). Nuestras manos no son superponibles. Si ponemos una encima de la otra, los dos pulgares señalan a direcciones opuestas. Para que coincidan, solo podemos enfrentarlas, como si cada una se mirara a un espejo. En cambio, las imágenes especulares de esferas o cubos sí son superponibles, no son quirales.

Y bien, ciertas moléculas orgánicas, como la metanfetamina, pero también los azúcares, los aminoácidos y la mayoría de las proteínas, son quirales. Esto quiere decir que pueden existir dos moléculas químicamente idénticas, o sea, con idénticos átomos, pero ordenados en el espacio de manera especularmente simétrica.

Para entender esto mejor, imaginemos que estamos en un taller de fabricación de maniquíes o muñecos, y tenemos que formar manos a partir de los cinco dedos sueltos. Estos los ordenaremos en el espacio para formar manos derechas o izquierdas. Si el ordenamiento fuera al azar, es de esperar que generaríamos la mitad de manos derechas y la mitad de manos izquierdas. Solo podríamos generar con preferencia una de las dos manos si el ordenamiento espacial de los dedos, en particular de los pulgares, no sucediera al azar.

Esto es muy importante en el caso de moléculas con actividad biológica, ya que las moléculas de la vida son quirales. De la misma manera que un guante para la mano izquierda no encaja en la mano derecha, las moléculas quirales solo encajan –es decir, interaccionan y afectan el funcionamiento– en las que tienen la quiralidad adecuada, no en las otras. En general, la síntesis química de fármacos o drogas quirales genera al azar ambos tipos de moléculas, mezclas que no son quiralmente puras. Solo la mitad de ellas poseerá actividad; la otra, no la tendrá. De ahí la importancia de la pureza quiral, es decir, de una síntesis química no aleatoria, que con tanta dedicación se consigue en la metanfetamina producida en *Breaking bad.*

BREAKING THE MYSTERY

El descubrimiento de la quiralidad es uno de los hitos más importantes de la Química, y por tanto de la ciencia, y se debe a alguien no considerado precisamente un químico, sino un microbiólogo: Louis Pasteur.

En su juventud, allá por 1848, Pasteur examinó las propiedades ópticas y cristalográficas del ácido tartárico. Un molesto misterio existía esos días con dicha sustancia. Resultaba que una solución purificada a partir de material biológico (residuos de la fermentación del vino) rotaba hacia la izquierda el plano de polarización de la luz que se hacía pasar a su través. Sin embargo, esta rotación no sucedía en soluciones de ácido tartárico puro producido por síntesis química. Pasteur fue capaz de generar pequeños cristales de este compuesto (similares a los cristales de sal de cocina) a partir de una disolución de este ácido preparado por medios químicos. Al examinarlos con una lupa, se dio cuenta –lo que otros antes no pudieron hacer– de que se formaban dos tipos de cristales y que unos eran la imagen especular de los otros. Con paciencia, Pasteur los separó con unas pinzas bajo la lupa y los disolvió en agua. Con satisfacción comprobó que un tipo de cristales giraba la luz polarizada a la derecha (isómero D, dextrógiro) y el otro, a la izquierda (isómero L, levógiro). Fue la primera vez que se demostraba la quiralidad molecular y también supuso la primera explicación del fenómeno del isomerismo, es decir, la existencia de sustancias diferentes y, sin embargo, formadas con los mismos átomos.

Este descubrimiento supuso también la primera demostración de que muchas moléculas de la vida son quirales, y que la vida prefiere a un isómero quiral frente al otro. Así, los azúcares son de tipo D, pero los aminoácidos son de tipo L. Por qué los seres vivos mantienen una química quiral de solo un tipo es un misterio aún no resuelto por la ciencia.

Una posibilidad para explicar este desequilibrio quiral es que las moléculas que pudieron participar en el origen de la vida fueran preferentemente de uno de los dos isómeros (D o L) por la manera en que se formaron. Para explorar esta eventualidad, científicos de la NASA analizan por primera vez la composición quiral de materia orgánica presente en meteoritos carbonáceos, en particular de las moléculas de hidratos de carbono que contienen[1]. Estos meteoritos se cree que se formaron hace 4.500 millones de años, en el origen del Sistema Solar, y guardan en su composición las moléculas orgánicas primigenias que pudieron participar en la generación de los primeros seres vivos.

Los científicos demuestran que los hidratos de carbono contenidos en estos meteoritos contienen un amplio exceso de los isómeros D, es decir, los mismos que poseen los seres vivos. Los científicos apuntan que los compuestos inicialmente presentes en el Sistema Solar pudieron haber afectado la preferencia por un tipo de isómero quiral en el origen de la vida. Sin embargo, aunque esto fuera así, aún queda por resolver el misterio de qué procesos físicos y químicos, activos cuando se formó el Sistema Solar, pudieron originar este desequilibrio entre los isómeros quirales. El misterio continúa.

5 de junio de 2016

---

1 George Coopera and Andro C. Riosa (2016). Enantiomer excesses of rare and common sugar derivatives in carbonaceous meteorites. www.pnas.org/cgi/doi/10.1073/pnas.1603030113.

RESURRECCIÓN MOLECULAR Y EVOLUCIÓN

Avances recientes en bioinformática han permitido la "resurrección" de genes ancestrales

LA BIOLOGÍA CONSIDERA a la evolución de las especies como un proceso progresivo, aunque a veces no sea del todo continuo. La idea que parece más razonable para comprender la evolución es la de suponer que los seres vivos actuales son más sofisticados, más evolucionados, que los que pudieran vivir hace millones de años. No es de extrañar. Las especies que hoy estamos aquí hemos tenido que sobrevivir a multitud de factores que amenazaban nuestra existencia, y muchas no lo han conseguido. Probablemente será porque contamos con mejores herramientas de supervivencia que ellas.

Esta idea que tan razonable parece, se topa con el problema de que algunos procesos vitales o son o no son, existen o no. Por ejemplo, las reacciones químicas del metabolismo, necesarias para sintetizar moléculas vitales o para extraer energía de los nutrientes, han debido necesariamente establecerse pronto en la evolución de los seres vivos. Estas reacciones, para proceder a una velocidad aceptable, necesitan de sofisticados catalizadores en forma de enzimas, complejas moléculas de proteínas sin las cuales las reacciones metabólicas serían imposibles. Así pues, las enzimas, de algún modo, debían estar ya operativas en las primeras bacterias que poblaron el planeta, hace unos 3.500 millones de años.

Teniendo esto en cuenta, podemos plantearnos la pregunta científica de si las enzimas responsables de controlar y catalizar las reacciones químicas de la vida, aun siendo suficientemente eficaces, eran no obstante mucho más simples en el origen de la vida que en nuestros días. En otras palabras, podemos preguntarnos si las enzimas complejas con las que hoy contamos los seres vivos han evolucionado de manera progresiva a partir de progenitores más simples o, al contrario, tuvieron que evolucionar a gran velocidad al principio, alcanzar una alta eficacia de funcionamiento pronto en la evolución de los organismos vivos, y mantenerse así hasta nuestros días.

Una pregunta similar puede, por supuesto, plantearse para las especies de animales o plantas. En este caso, la respuesta puede obtenerse con relativa facilidad estudiando los restos fósiles. Sabemos así, por ejemplo, que los tiburones surcan los océanos desde hace unos 450 millones de años y han sobrevivido a las cinco extinciones masivas que ha sufrido el planeta, aunque está por ver si podrán sobrevivir a la sexta, causada en la actualidad por el ser humano. En efecto, los restos fósiles indican que algunas especies de tiburones llevan en el planeta cientos de millones de años y han evolucionado poco desde que alcanzaron la que es, al parecer, una anatomía, fisiología y forma de vida cercana a las óptimas para la supervivencia en el océano.

LEVÁNTATE Y CATALIZA

Evidentemente, no podemos responder a la pregunta sobre las enzimas de la misma manera, porque no existen fósiles de bacterias de hace 3.500 millones de años. Por fortuna, avances recientes en bioinformática han permitido la "resurrección" de genes ancestrales y sus proteínas. ¿Cómo?

Los biólogos moleculares saben que los genes presentes hoy en las bacterias han derivado de una bacteria ancestral, la cual ha dado origen a todas las bacterias existentes. Esta bacteria ancestral se denomina el Último Ancestro Bacteriano Común. Poco a poco, los genes de este ancestro fueron mutando y generando secuencias de ADN ligeramente diferentes, aunque aún mantienen buena parte de la secuencia original en las diferentes especies de bacterias.

Gracias a la bioinformática y a las técnicas de secuenciación de nueva generación, los investigadores pueden ahora obtener las secuencias de ADN de uno o varios genes presentes en decenas o centenas de diferentes especies bacterianas hoy vivas y compararlas entre sí. Considerando diferentes factores, como la tasa de mutación y las similitudes entre las secuencias, los investigadores pueden deducir cuál era la secuencia del gen ancestral que dio origen a todas las variantes actuales presentes en las bacterias.

La reciente tecnología química permite también sintetizar, es decir, producir por medios químicos, el gen ancestral, utilizando la información de su secuencia deducida tras la comparación de las secuencias de ADN. Este gen sintético, introducido en una bacteria u otro organismo, generará la proteína ancestral, que podrá así ser aislada y estudiada en el laboratorio.

Investigadores de la Universidad de Regensburg, en Alemania, utilizan esta tecnología para resucitar y estudiar la función catalítica de un enzima ancestral muy importante: la triptófano sintasa[1]. Este enzima es la encargada de sintetizar el aminoácido triptófano, esencial en nuestra alimentación, ya que, paradójicamente, nosotros no podemos sintetizarlo y debemos adquirirlo de nuestra dieta diaria.

El enzima triptófano sintasa está formada por la unión de dos proteínas diferentes, las llamadas subunidades alfa y beta, producidas por dos genes distintos. Ambas subunidades necesitan cooperar para catalizar correcta y eficazmente la reacción química de síntesis del triptófano. Los investigadores reconstituyen la secuencia ancestral de ambos genes y producen con ellos un enzima ancestral completa, similar a la que existía en las bacterias que hace miles de millones de años poblaban el planeta.

El estudio de sus propiedades revela que el enzima posee una actividad catalítica muy elevada, similar a la de los enzimas actuales. Además, la estructura espacial, determinada por métodos cristalográficos, es también muy similar a la de los enzimas existentes.

Ante estos datos, los investigadores concluyen que en los primeros millones de años tras el origen de la vida se produjo una rápida evolución molecular en el caso de genes fundamentales para los procesos vivos, la cual generó proteínas ya muy similares a las actuales. Las especies, no por ser más viejas son, por tanto, siempre más evolucionadas.

12 de junio de 2016

1 Busch et al. (2016). Ancestral Tryptophan Synthase Complex Reveals Functional Sophistication of Primordial Enzyme Complexes. Cell Chemical Biology 23, 1-7 June 23, http://dx.doi.org/10.1016/j.chembiol.2016.05.009.

TRAICIÓN EN EL CORAZÓN DE LOS TUMORES

No está claro que conozcamos todos los elementos que afectan al crecimiento de los tumores

CUANDO UNO MIRA hacia atrás y ve los avances científicos y tecnológicos que han sucedido en solo los últimos cincuenta años no puede menos que, primero, maravillarse y, segundo, preguntarse cómo es posible que junto a tantos avances algunos problemas no hayan podido ser aún resueltos. Uno de esos problemas es la curación del cáncer. Al parecer, curar el cáncer resulta ser mucho más complicado que llevar a un ser humano a la Luna, o incluso a Marte, y traerlo de regreso vivo a la Tierra. ¿Quién lo hubiera pensado?

Sin embargo, cuando se analizan la multitud de factores que participan en el desarrollo de los tumores, y la miríada de mecanismos que las células cancerosas ponen a funcionar para su supervivencia, las cosas se ponen en la perspectiva correcta y comienza a comprenderse no solo por qué el cáncer no se ha curado aún, sino por qué una cura universal va a tardar todavía un tiempo en conseguirse, a pesar de los innegables avances logrados. Vamos a explicar hoy una de esas complicaciones para que podamos apreciar mejor la magnitud de este problema.

Para empezar, no está claro que conozcamos todos los elementos que afectan al crecimiento de los tumores, y sin conocerlos todos conseguir una cura eficaz es muy difícil. Hace pocos años, se descubrieron nuevos actores insospechados que participan en el desarrollo tumoral, por lo que es aún posible que se produzcan otros descubrimientos inesperados que incrementen aún más la complejidad del problema.

Los actores a los que me refiero arriba son los llamados microRNAs. Estos pequeños fragmentos de ácido ribonucleico, de solo alrededor de 22 "letras", fueron descubiertos en 1993 en el gusano de laboratorio *Caernohabditis elegans*, donde se comprobó que participaban en frenar el funcionamiento de los genes y de la producción de sus proteínas. Pronto se confirmó que los microRNAs no eran solo una característica de los gusanos de laboratorio y se encontraban en animales, plantas y, por supuesto, en el ser humano. Los microRNAs no fueron la única novedad. Se descubrieron también proteínas que se unían a ellos y afectaban a su funcionamiento, y pronto se vio que ambos, los microRNAs y las proteínas que se unen a ellos, participaban en procesos de crecimiento celular y también en el cáncer.

Uno de los microRNAs más importantes en el desarrollo tumoral es el llamado Let-7. Let-7 funciona como un gen supresor de tumores, es decir, su actividad frena el desarrollo tumoral. Por consiguiente, en principio, parece que conseguir aumentar el funcionamiento de Let-7, tal vez mediante algún fármaco, sería beneficioso para impedir el desarrollo del cáncer.

Rescatando a los traidores

El problema es que los tumores no están solo formados por células tumorales. Una variedad de otras células normales se encuentra asociadas a ellos y bien contribuyen a su mantenimiento, bien los intentan atacar. Por ejemplo, las células que forman los vasos y capilares sanguíneos son fundamentales para el crecimiento tumoral. Otras células que también suelen estar presentes en los tumores son los macrófagos.

Como sabemos, los macrófagos forman parte de los mecanismos de defensa, pero en el caso de los tumores estos son capaces de modificarles su comportamiento normal y los convierten en células "traidoras", en células que, en lugar de atacar al tumor, favorecen su crecimiento. Como ya no debe resultar una sorpresa para los conocedores de algo de biología molecular, este cambio de comportamiento de las células se debe a variaciones en el funcionamiento de ciertos genes. Lo que las células hacen o no hacen depende siempre de los genes que tienen funcionando, o tienen apagados. Por esta razón, científicos de la Escuela Politécnica Superior de Lausana, en Suiza, decidieron estudiar qué genes podrían ser los que convierten a los macrófagos en traidores[1].

1 Caroline Baer et al (2016). Suppression of microRNA activity amplifies IFN-γ-induced macrophage activation and promotes anti-tumour immunity. Nature Cell Biology. http://www.nature.com/ncb/journal/vaop/ncurrent/full/ncb3371.html.

Estudios anteriores habían hecho sospechar a los investigadores que esta traición dependía de la capacidad de los macrófagos de producir microRNAs. Por ello, los científicos modificaron genéticamente a los macrófagos de manera que no pudieran producir estos microRNAs con normalidad. Esto causó un cambio dramático en el comportamiento de estas células: en lugar de proteger y mantener el crecimiento tumoral, los macrófagos incapaces de generar microRNAs atacaron a los tumores y, además, dieron la voz de alarma y atrajeron a otras células de las defensas para que los atacaran, lo cual hicieron con bastante eficacia.

¿Qué microRNA concreto, si había uno, era el principal responsable de este cambio de comportamiento de los macrófagos? Los estudios realizados indicaron que el microRNA responsable era Let-7. Este microRNA debía dejar de ser producido por los macrófagos para permitirles atacar el tumor. El ataque, por otra parte, disminuía la capacidad de los tumores de formar metástasis.

Así pues, el mismo microRNA que cuando se encuentra funcionando en las células tumorales frena su crecimiento, cuando funciona en los macrófagos asociados a los tumores hace lo contrario: favorece la "traición" de estas células y el desarrollo tumoral. Evidentemente un fármaco que afectara al funcionamiento de Let-7 de manera generalizada en todas las células probablemente no resultaría ser un buen agente antitumoral. El fármaco que fuera tendría que afectar al funcionamiento de Let-7 solo en los macrófagos, pero no en las células tumorales, lo que es complicado de conseguir.

Esto es solo un ejemplo de los muchos factores que actúan sobre el crecimiento tumoral, en algunos casos de manera contrapuesta. Es una de las razones por las que el cáncer no puede ser aún curado en muchos casos. No obstante, gracias al tesón de los científicos, vencer al cáncer es solo cuestión de tiempo, tal vez incluso de menos del que pensamos.

19 de junio de 2016

LA EXTINCIÓN DE LA MITOCONDRIA AMERICANA

Se cree que es por esta franja ya deshelada por donde se produjo la colonización de América desde Eurasia

NO HAY YA duda de que el continente americano es el último conquistado por el ser humano. El aislamiento geográfico de América, separada de Eurasia, África y Oceanía por grandes océanos o regiones de clima muy frío, retrasó su colonización hasta el final del periodo Pleistoceno, hace al menos 10.000 años, es decir, decenas de miles de años más tarde que la colonización de Eurasia desde África.

A pesar de que la colonización de América es reciente, lo que debería facilitar los estudios arqueológicos, sigue sin ser conocido de manera precisa el momento, el lugar y las rutas de ocupación de este gran continente. Los estudios realizados indican que la colonización americana sucedió desde el norte de Eurasia a través del llamado puente de Beringia (hoy estrecho de Bering). Esta antigua región de tierra firme se formó hace unos 25.000 años gracias a la disminución del nivel del mar en la última glaciación, y desapareció hace unos 10.500 años. Este puente terrestre no solo pudo permitir la migración humana desde Eurasia a América, sino también la de plantas y animales.

Sin embargo, durante la existencia del puente de Beringia, existían igualmente las llamadas placas heladas Laurentina y de la Cordillera. Eran estas unas enormes placas de hielo, de cerca de dos kilómetros de espesor, que cubrían Canadá y buena parte de los EE.UU., y se extendían también hacia el océano Pacífico, sobrepasando la costa. Se cree que estas placas de hielo impidieron la colonización del continente americano hasta que no comenzó el deshielo de la última glaciación.

Cuando se inició este deshielo y las placas disminuyeron, dejaron en primer lugar al descubierto una pequeña franja en la costa del Pacífico. Se cree que es por esta franja ya deshelada por donde se produjo la ocupación humana de América desde Eurasia. No obstante, la fecha y ruta precisas de esta colonización no se conocen, como ya hemos comentado.

Para averiguar esta información, la Antropología se ha apoyado en las modernas técnicas de Biología y Genética Molecular. No obstante, estos estudios no han sido concluyentes, no por culpa de la tecnología o de la ciencia, sino por falta de población nativa en la que emplearlas. El colapso demográfico y el mestizaje que supuso la conquista europea de América prácticamente no han dejado personas que puedan ser consideradas descendientes directos puros de los primeros colonizadores americanos.

EN BUSCA DE CERTIDUMBRES

Por esta razón, los estudios realizados hasta la fecha no son convincentes. Unos sostienen que la población americana original, los verdaderos descubridores de América, provienen de un único evento migratorio en el que participaron los pobladores de la región de Beringia. Sin embargo, otros estudios, realizados mediante el análisis del ADN de las mitocondrias, que se hereda exclusivamente de la madre, indican que pudo tal vez haber dos migraciones independientes, separadas por unos 2.000 años. Igualmente es posible que otra migración diferente llegara a América a partir de Australasia y Polinesia. Sea como fuere, lo que sí parece claro es que la principal colonización provino del norte y procedió hacia el sur.

Así pues, hasta el momento, los estudios son ciertamente contradictorios y no hacen sino alimentar el debate. La falta de pobladores verdaderamente indígenas y otros problemas relacionados con la imposibilidad de establecer un "reloj genético", basado en el estudio de la tasa de mutaciones en el ADN mitocondrial de los primeros colonos americanos, impide tanto establecer las relaciones genéticas entre las poblaciones nativas establecidas en diferentes regiones del continente americano, como la fecha de las migraciones y asentamientos.

Para generar una panorámica más precisa de la colonización americana, un consorcio internacional de investigadores de América del Norte, del Sur y de Australia extraen y secuencian el ADN mitocondrial de 92 momias precolombinas, que datan de hace 8.600 a un poco más de 500 años, justo alrededor de la fecha del "descubrimiento" de América por los españoles.

Este análisis posibilita ahora establecer la diversidad genética de las poblaciones americanas originales, lo que permite determinar si provienen de una o de más migraciones independientes, así como definir también el reloj molecular para estimar el tiempo transcurrido desde la primera migración al continente americano[1]. Con estos nuevos datos "momificados", los investigadores concluyen que América fue colonizada a partir de una única migración de un grupo de nómadas proveniente de una población de Eurasia que ya se encontraba aislada del resto de las poblaciones de ese continente. Esta población se asentaba en la región de Beringia desde un tiempo estimado de entre 9.000 a 2.400 años. La migración de este grupo de individuos se estima sucedió hace unos 16.000 años y procedió rápidamente desde la actual Alaska hacia el sur, donde se fueron estableciendo diferentes ramas que permanecieron en el tiempo, dando lugar a las distintas etnias americanas (Aztecas, Mayas, Incas, etc.).

El descubrimiento final, y más triste, de los investigadores es que el ADN de las mitocondrias de las momias precolombinas no se ha detectado en ninguna persona hoy viva en el continente americano. Esto indica lo que ya sospechábamos: que se ha producido una extinción masiva de las poblaciones indígenas puras, o al menos de sus mitocondrias. Las huellas de la historia también quedan escritas en los genes.

26 de junio de 2016

1 Bastien Llamas *et al*. Ancient mitochondrial DNA provides high-resolution time scale of the peopling of the Americas. Sci. Adv. (2016); http://advances.sciencemag.org/content/2/4/e1501385.

DOBLE ATAQUE CONTRA EL SIDA

Nuestro sistema inmune parece no estar suficientemente desarrollado para hacer frente a un virus como el VIH

EN ESTA SEMANA de celebración del orgullo LGBT, podemos unirnos a la fiesta de forma científica hablando de nuevos descubrimientos sobre un virus que, por desgracia, ha hecho mucho daño a los miembros de dicha comunidad. Me refiero, claro, al virus de la inmunodeficiencia humana, más conocido como VIH, causante de la enfermedad del SIDA.

Aunque las investigaciones sobre este virus han permitido importantes avances en el conocimiento de la biología de las células y de los propios virus, en general, y han posibilitado igualmente la fabricación de nuevos fármacos antivirales, no han sido capaces de generar una vacuna eficaz contra el VIH. En mi opinión, este fracaso no ha sido tanto culpa de la ciencia como del propio VIH, que es capaz de sobrepasar nuestras defensas incluso cuando damos de antemano la voz de alarma de una posible infección, que es lo que hacen las vacunas. Las vacunas solo son eficaces si el sistema inmune alertado es capaz de acabar con el microorganismo contra el que nos hemos vacunado. Si este es tan poderoso que sobrepasa las defensas, estas, obviamente, no podrán acabar con él.

Aunque parezca mentira, nuestro sistema inmune parece no estar suficientemente desarrollado para hacer frente a un virus como el VIH, tan versátil y con tantos recursos para evadirlo y finalmente destruirlo. Recordemos que este virus ataca y mata a las células más importantes de las defensas: los linfocitos T CD4 y los macrófagos. Sin estas células, el sistema inmune simplemente deja de funcionar.

Puede que el VIH sea capaz de soslayar todos los obstáculos puestos en su camino por el sistema inmune humano, pero no creo que sea capaz de evitar por mucho tiempo todos los obstáculos derivados del sistema nervioso del Homo sapiens. Me explico. Gracias a la inteligencia y a la investigación, el VIH se enfrenta ahora a fármacos que lo mantienen a raya.

Estos fármacos son como "secreciones" del cerebro humano, en particular del cerebro de los científicos. Sin embargo, una vez producidas, las "secreciones" son patrimonio de toda la Humanidad, no solo de unos pocos, y además de generar nuevas moléculas activas que no se encuentran en la Naturaleza, las "secreciones" permiten también la manipulación y mejora de moléculas naturales para aumentar su capacidad de acción frente a las enfermedades.

ANTICUERPOS EFICACES

Unas de las moléculas naturales manipuladas con ingenio y mejoradas por los científicos son los anticuerpos. Estas moléculas se encuentran entre las más importantes de las defensas y poseen una forma característica en forma de Y griega, o ye. Los extremos de los dos brazos de la ye contienen unas "manos" capaces de unirse a otras moléculas con fuerza. Estas moléculas son en general parte de un virus o de una bacteria, y la unión del anticuerpo a ellas dificultará o impedirá su reproducción.

Las "manos" de los anticuerpos no son muy versátiles y están conformadas para unirse solo a una cosa, es decir, sus "dedos" no son móviles y solo pueden agarrarse a aquello que encaja en tal y como están configurados. Los anticuerpos naturales tienen configuradas ambas "manos" de la misma manera, o sea , sus "dedos" están conformados para agarrarse a lo mismo. La Naturaleza no ha previsto, o no ha podido, generar anticuerpos con "manos" configuradas de manera diferente de forma que puedan unirse a dos moléculas distintas. Los anticuerpos naturales son, por consiguiente, monoespecíficos, es decir, de una sola especificidad. Estos anticuerpos, producidos naturalmente, no son, sin embargo, capaces de neutralizar al VIH.

Afortunadamente, la Naturaleza cuenta hoy con una nueva fuerza, como ya hemos mencionado: la inteligencia humana y la ciencia. Gracias a ellas, se han podido generar anticuerpos artificiales llamados biespecíficos, o sea, capaces de unirse a dos especies de moléculas diferentes, a una con una de sus "manos", y a otra, con la otra "mano". Estos anticuerpos provienen de la combinación, por métodos bioquímicos, de dos mitades diferentes de dos moléculas de anticuerpos monoespecíficos, para formar un nuevo anticuerpo con dos brazos diferentes.

Investigadores de las universidades de Rockefeller y Harvard han generado anticuerpos biespecíficos como herramientas contra el virus VIH[1]. Estos anticuerpos fueron diseñados de manera que una de sus "manos" se uniera al virus, pero la otra se uniera a una molécula de la membrana de la célula inmune necesaria para que el virus la pueda infectar. Así pues, estos anticuerpos combinan dos posibilidades de bloquear la infección del virus: una mediante su unión al propio virus con una de sus "manos", y otra mediante la unión, con la otra "mano", a la "puerta de entrada molecular" que este necesita para infectar a una célula.

Los científicos han creado veinte anticuerpos biespecíficos y han probado su potencial eficacia para evitar la infección de varias cepas del virus VIH, aisladas de diversos pacientes en diversas partes del mundo. Dieciocho de los veinte anticuerpos no mostraron una capacidad de neutralización del virus superior a la de los anticuerpos monoespecíficos de los que derivaban. Sin embargo, dos de los anticuerpos mostraron una enorme potencia neutralizadora frente a la infección del virus VIH, muy superior a la de los anticuerpos monoespecíficos empleados para generarlos. De hecho, si estos dos anticuerpos biespecíficos eran utilizados como "vacunas" antes de infectar a animales de laboratorio con el VIH, estos resultaban protegidos de la infección.

Estos y otros resultados recientes de investigación apuntan a que tal vez no se tardará mucho en poder curar el SIDA y evitar su contagio. Si esto se consigue finalmente, además del orgullo LGBT, convendría también celebrar la fiesta del orgullo científico, como empresa de toda la Humanidad. Claro que admito que esta fiesta sería algo más sosa.

3 de julio de 2016

1 Huang et al. Engineered Bispecific Antibodies with Exquisite HIV-1-Neutralizing Activity. Cell 165, 1–11. June 16, 2016. http://dx.doi.org/10.1016/j.cell.2016.05.024.

RATONES CON SÚPER NARICES

Todavía no se conoce con precisión cómo funciona el sistema olfativo de los animales

DURANTE LA ÚLTIMA década, se han producido importantes avances en el desarrollo y comercialización de lo que se podría llamar la nariz electrónica, la e-nariz o, como algunos anglófonos la llamarían, la iNose. Este tipo de dispositivo intenta reproducir el sentido del olfato de humanos o animales y detectar así con gran finura determinadas sustancias que podrían ser dañinas, como explosivos, drogas o contaminantes. Aunque los avances realizados han sido importantes, las prestaciones de estas narices artificiales son muy inferiores a las narices de perros o ratones, o incluso a la nariz humana.

La razón es que es difícil conseguir en unas décadas, aun mediante la tecnología más desarrollada, las capacidades que las narices naturales han desarrollado durante millones de años de evolución, en un entorno en el que el sentido del olfato ha sido fundamental para la supervivencia. Por ello, las narices naturales van de narices, como no podría ser de otra manera.

Todavía no se conoce con precisión cómo funciona el sistema olfativo de los animales, pero lo que se conoce sin duda ayuda a comprender por qué un perro o un ratón poseen un olfato tan fino. Vamos a intentar explicarlo.

Como sabemos, el olfato detecta la presencia en el entorno de sustancias químicas volátiles. Estas pueden ser muy diversas y cada una posee una estructura particular, una forma determinada, y unas propiedades químicas y físicas también definidas (carga, masa, etc.). Para detectar las sustancias volátiles, los genomas de los mamíferos cuentan hoy con cientos o incluso miles de genes particulares. Estos producen proteínas receptoras, que se localizan en la membrana de neuronas especializadas –las neuronas olfativas– y están dedicados a la detección de una o de una familia de sustancias similares. El genoma humano cuenta con cerca de 400 de estos genes; el del perro, con unos 800, mientras que el del ratón posee alrededor de 1.400.

Durante la formación del sistema olfativo, las neuronas olfativas van madurando a partir de células madre y cada una elige, aparentemente al azar, uno de estos cientos de genes receptores, que es el que ponen en funcionamiento en su membrana, excluyendo a todos los demás. Existen millones de neuronas olfativas (el perro posee doscientos millones, y el ser humano solo alrededor de cinco millones), por lo que muchas de ellas acaban por "elegir" el mismo gen receptor. Las neuronas con idéntico receptor unen sus axones en el bulbo olfativo cerebral y colaboran para detectar el mismo tipo de sustancias. Tenemos así tantas familias de neuronas olfativas como genes de receptores olfativos haya en el genoma.

ELECCIÓN FORZADA

Un aspecto interesante es que una sustancia volátil dada no solo se une a un receptor, sino que puede unirse a varios de ellos por distintas zonas y con diferente fuerza. Las neuronas que ven a sus receptores estimulados por la unión a una sustancia volátil envían una señal al cerebro. La integración de todas las señales enviadas por las neuronas estimuladas produce la sensación olfativa particular de esa sustancia. Por supuesto, si lo que olemos es una mezcla de sustancias, como un perfume, cada una de las sustancias de la mezcla estimulará a un conjunto definido de receptores, y por tanto de neuronas, lo que generará igualmente una sensación olfativa particular.

Puesto que existen cientos de receptores olfatorios y su elección se realiza al azar, solo alrededor del 0,1% al 0,2% de las neuronas olfativas tienen el mismo receptor en la membrana. De esta forma, el sistema olfativo se asegura de poder detectar una amplia gama de sustancias volátiles.

Por el contrario, si la elección de los genes de los receptores olfativos no sucediera al azar, se generaría una población mayor de neuronas olfativas que detectarían preferentemente una o una familia de sustancias. Los animales o humanos con esta condición tal vez no pudieran detectar tan amplia gama de sustancias como los normales, pero en cambio detectarían determinadas sustancias con una agudeza muy superior a la normal.

Para intentar llevar a la realidad esta posibilidad, un grupo de científicos ha desarrollado una nueva técnica para generar ratones transgénicos cuyas neuronas olfativas no escogen completamente al azar los genes de los receptores olfativos[1]. Apoyándose en años de investigaciones que han desvelado algunos de los secretos sobre cómo las neuronas olfativas eligen sus genes receptores, los investigadores añaden a genes determinados de estos receptores una secuencia de letras particular y generan ratones transgénicos con ellos. Estas secuencias favorecen la elección del gen modificado frente a los demás.

Esta manipulación genética no impide que otros genes de receptores olfativos sean también elegidos por las neuronas, pero el ratón transgénico generado de este modo posee un sistema olfativo sesgado (como lo suele ser el sistema visual natural de tantos árbitros de fútbol). Los investigadores comprueban que estos animales son capaces de detectar determinadas sustancias en cantidades más de cien veces inferiores a las normales, pero otras las detectan menos bien. La naturaleza de la sustancia detectada depende que qué gen ha sido modificado y elegido de manera preferente por las neuronas.

Estos nuevos ratones pueden ser empleados para estudiar mejor la organización y desarrollo del sistema olfativo y cómo este codifica la información sobre el ambiente químico volátil del exterior. Pueden también ser usados como "súper narices" para detectar determinadas sustancias con una sensibilidad sin igual en la Naturaleza. Quién sabe, tal vez estos animales puedan incluso ser utilizados para diagnosticar enfermedades que generan olores específicos en el aliento, como algunos cánceres o la diabetes. La cosa, sin duda, tiene un futuro de narices, evidentemente.

10 de julio de 2016

1 D'Hulst et al., MouSensor: A Versatile Genetic Platform to Create Super Sniffer Mice for Studying Human Odor Coding. Cell Reports (2016), http://dx.doi.org/10.1016/j.celrep.2016.06.047.

CONCEPTOS CASI INNATOS QUE TIENEN LOS PATOS

La impronta es un aprendizaje rápido que se produce en un momento concreto de la vida

TAL VEZ LOS conceptos más difíciles de aprender sean los que ponen en relación a las cosas entre sí. A este tipo de conceptos pertenecen los de "igual" o "diferente". No se trata de aprender a distinguir entre objetos concretos, sino de aprender la idea abstracta de que las cosas pueden ser iguales o diferentes, sean las que sean.

Los animales, incluso los más inteligentes, tienen dificultades en captar este tipo de conceptos. Por ejemplo, algunos experimentos han demostrado que, con entrenamiento adecuado, las abejas son capaces de distinguir, fijándose en diferencias concretas, entre un cuadro de Monet y uno de Picasso. No bromeo. Sin embargo, comprender el concepto de "igual" y "diferente" es más complicado.

Este concepto de relación se ha intentado enseñar a varias especies de animales presentándoles un conjunto patrón de dos o más objetos y luego haciéndoles elegir entre otros conjuntos de objetos con la misma relación entre ellos. Por ejemplo, se les puede mostrar dos cubos de plástico rojos (iguales) y luego hacer que elijan entre un conjunto de dos pirámides rojas (iguales, elección correcta que conlleva una recompensa alimenticia) o entre una esfera y un cubo rojos (diferentes, elección incorrecta que no conlleva premio).

Tras largas sesiones de aprendizaje, monos, palomas, loros y cuervos han demostrado ser capaces de aprender los conceptos de "igual" y "diferente". Parecen por tanto capaces de razonar por analogía, como hacemos nosotros. Otras especies animales estudiadas no poseen, sin embargo, esta destreza intelectual.

Por supuesto, estas habilidades no son gratuitas. Me refiero con ello a que si los animales las poseen es porque probablemente son importantes para su supervivencia en su entorno, aunque deban pagar el precio de mantener un cerebro mayor, o sistemas neuronales dedicados a ellas, lo que es costoso en términos energéticos, es decir, alimenticios.

IMPRONTA ABSTRACTA

Una capacidad imprescindible para la supervivencia de muchas especies de ánades, vulgarmente conocidos como patos, es la llamada impronta. La impronta es un aprendizaje rápido que se produce en un momento concreto de la vida, pasado el cual no suele o no puede ya producirse. En el caso de los patos, la impronta les permite aprender, pocos minutos tras el nacimiento, quién es su madre y quiénes son sus hermanos. Esto es, evidentemente, fundamental para la supervivencia de los patitos recién nacidos, que deben seguir a su madre por dondequiera que esta vaya, o serán presa fácil de algún predador.

Aunque puede parecernos lo más natural y fácil del mundo, este aprendizaje es complicado, porque se trata de aprender rápidamente, tras tan solo unos minutos de vida, a identificar a su madre y a sus hermanos de cualquier manera en que el patito recién nacido los perciba: de frente, de perfil, de espaldas, en movimiento rápido, lento, etc. Además, el aprendizaje por impronta debe realizarse de manera automática y sin entrenamiento ni recompensa inmediata alguna. Por esta razón, Antone Martinho y Alex Kacelnik, de la Universidad de Oxford, se preguntaron si la impronta no necesitaba también de capacidades cognitivas más abstractas, en particular, la de comprender los conceptos de "igual" y "diferente", ya que madre pata y hermanos patitos son claramente seres diferentes que, además, se mueven y muestran diferentes aspectos a cada momento[1].

Los investigadores realizan una serie de sencillos y elegantes experimentos con patitos recién nacidos, a los que no les hacen el menor daño. Gracias a investigaciones anteriores, las condiciones para conseguir una impronta en los patitos son bien conocidas: esta debe producirse cerca

1 Antone Martinho III and Alex Kacelnik (2016). Ducklings imprint on the relational concept of "same or different" Science. 15 JULY 2016 • VOL 353 ISSUE 6296, pp 286.

de una hora después del nacimiento por exposición a un ser vivo o a un objeto en movimiento por una media hora. Cualquier objeto o conjunto de objetos en movimiento percibidos en esas condiciones será considerado por los patitos como su familia cercana.

Los investigadores exponen a los patitos a dos objetos iguales o diferentes para realizar su impronta. Las condiciones de igualdad o de diferencia pueden ser tanto la forma como el color de los objetos. Por ejemplo, pueden exponer a unos patitos recién nacidos a dos esferas en movimiento de igual tamaño y del mismo color para que realicen su impronta con ellas. Una vez realizada esta, los científicos exponen a los patitos durante diez minutos a dos parejas de objetos en movimiento, diferentes de los primeros. Una de estas parejas contiene objetos iguales entre sí, por ejemplo, dos cubos del mismo color; la otra contiene objetos diferentes entre sí, por ejemplo, un cubo y una pirámide. Ninguna contiene las esferas de la impronta inicial.

Durante esos diez minutos, los investigadores registran a qué dos objetos se aproximan con preferencia los patitos, los cuales buscan a su supuesta madre. Los resultados son muy claros. Cuando la impronta se produce con dos objetos iguales, los patitos prefieren acercarse y seguir a otros dos objetos iguales; cuando la impronta se produce con dos objetos diferentes, los patitos prefieren seguir a otros dos objetos diferentes, y eso a pesar de que ninguno de ellos sea igual en ningún caso a uno de los objetos con los que han realizado la impronta.

Este estudio es importante por tres razones: la primera es que animales que no parecen muy inteligentes, no son tan tontos; la segunda es que incluso animales muy jóvenes pueden ser capaces de desarrollar capacidades de pensamiento abstracto; la tercera es que no siempre es necesario recompensar o castigar para que el aprendizaje se produzca de manera correcta. Sea como fuere, parece que el aprendizaje de conceptos de relación puede darse en patitos recién nacidos, lo que aumenta la probabilidad de que identifiquen a su madre y hermanos correctamente, a pesar de la variabilidad de estímulos que estos les envían en su devenir cotidiano.

17 de julio de 2016

TALADRADORES DE VIDA

Durante la coevolución de las bacterias con los organismos que parasitan, estas han desarrollado una variedad de toxinas

RECUERDO HABER EXPRESADO ya en esta columna mi admiración por el hecho de que la separación entre la materia viva y la no viva se limita, en la mayoría de las células, a una membrana formada por dos capas de moléculas grasas. Las grasas, que tanto nos preocupan en la alimentación, resulta que son absolutamente fundamentales para delimitar la vida.

La membrana lipídica de las células es muy fina, de un espesor de solo alrededor de siete nanómetros. Para que nos hagamos una idea de esta finura, en un milímetro caben un millón de nanómetros, pero solo siete son suficientes para mantener separada la vida de la "no vida". El problema es que siete nanómetros no resultan muy difíciles de perforar y, por esa razón, la perforación de la membrana celular ha surgido a lo largo de la evolución como un mecanismo de ataque o de defensa frente a una variedad de enemigos celulares.

Sin ir más lejos, nuestro propio sistema inmune cuenta con una serie de enzimas y proteínas en el plasma sanguíneo y los líquidos corporales que, cuando detectan una bacteria, se activan y se insertan en la membrana de estas, generando un poro. Este sistema se denomina el complemento, porque cuando se descubrió, en 1888, se comprobó que servía para complementar la acción de los anticuerpos. Más tarde se vio que el complemento es activo por sí mismo y resulta fundamental para la defensa frente a numerosas infecciones. Esta actividad depende, entre otras cosas, de la formación de poros en la membrana de las bacterias.

Una vez formados los poros, a su través pueden pasar iones, agua y algunas moléculas pequeñas desde el interior al exterior bacteriano, o viceversa. Este traspaso de moléculas rompe el desequilibrio químico que mantiene a la vida en el interior de la membrana celular, bien separada del exterior, y la vida, taladrada, desaparece: la bacteria muere.

No obstante, las bacterias también han desarrollado sus armas para poder sobrevivir. Para establecer un foco de infección con éxito, las bacterias necesitan una serie de nutrientes que las células del organismo intentan secuestrar para evitar que puedan disponer de ellos. Estos nutrientes se encuentran en abundancia en el interior de las células, pero algunos muy importantes para las bacterias no se encuentran libres en el plasma y líquidos corporales, donde una gran parte de ellas crecen.

PENETRACIÓN VITAL

Por consiguiente, si las bacterias pudieran matar a algunas células y con ello conseguir que los nutrientes que estas guardan en su interior fueran liberados al exterior, sería muy ventajoso para ellas. Por esta razón, durante la coevolución de las bacterias con los organismos que parasitan, estas han desarrollado una variedad de toxinas. Las toxinas bacterianas, como su nombre indica, son proteínas tóxicas para las células, cuya misión es matarlas, conseguir así mayor cantidad de nutrientes y, al mismo tiempo, hacer daño y debilitar al hospedador.

Existen varias familias de toxinas bacterianas. Algunas necesitan penetrar en el interior del citoplasma celular para ejercer sus efectos. Esto lo consiguen mediante la unión a una proteína en la membrana de las células que actúa como proteína receptora, como una puerta de entrada para la toxina. Una vez dentro de la célula, la toxina bloquea un proceso vital, por ejemplo, la síntesis de proteínas. Incapaces de producir proteínas, las células mueren.

Una familia importante de toxinas bacterianas es la formada por toxinas que, tras su unión a una proteína receptora, como en el caso anterior, se insertan en la membrana de las células eucariotas y forman poros. Por el mecanismo explicado arriba, estos poros acaban por romper el desequilibrio entre el interior y el exterior celular, y es ahora la célula, no la bacteria, la que muere taladrada.

La toxina más importante de esta familia se denomina aerolisina, y es producida por bacterias que causan gastroenteritis, infecciones profundas en las heridas, y muerte por choque séptico (infección masiva de la sangre). Evidentemente, la capacidad de esta proteína tóxica para generar poros depende de su estructura molecular, la cual, si se conociera en detalle, podría ayudar a desarrollar antibióticos que bloquearan su funcionamiento.

La estructura 3D de esta proteína se descubrió hace unas dos décadas mediante la técnica de difracción de rayos X. Esta técnica, una de las primeras empleadas para determinar la estructura de las moléculas de proteínas o, como es bien conocido, del ADN, tiene, no obstante, ciertas limitaciones que impiden conocer en profundidad la estructura molecular real.

Un grupo de investigadores, liderados por el Dr. Benoît Zuber, de la Universidad de Berna, en Suiza, utilizan ahora una nueva tecnología para determinar la estructura tridimensional de la aerolisina[1]: se trata de la llamada criomicroscopía electrónica, combinada con otra técnica denominada "detección directa de electrones". Estas dos técnicas, mediante el empleo de muy bajas temperaturas, permiten la detección de electrones emitidos por cada átomo, y generan así una imagen de las moléculas con una resolución a escala de los átomos individuales que las forman. Además, esta proeza tecnológica no requiere la cristalización molecular previa, como sucede con la difracción de rayos X, lo que permite el estudio molecular en condiciones mucho más naturales y cercanas a la realidad, y no en cristales artificiales.

Estos nuevos estudios han permitido conocer la estructura de esta toxina con una precisión nunca antes conseguida. Esperemos que este nuevo conocimiento pueda ser usado pronto para luchar mejor contra las bacterias que utilizan aerolisina y causan graves enfermedades.

24 de julio de 2016

---

1 Ioan Iacovache et al. (2006). Cryo-EM structure of aerolysin variants reveals a novel protein fold and the pore-formation process. NATURE COMMUNICATIONS | 7:12062 | DOI: 10.1038/ncomms12062.

La Ecología Del Miedo

Ambos animales huyen despavoridos al oír las grabaciones de simples conversaciones humanas mantenidas en tono normal

CUANDO NOS HABLAN de ecología, seguramente pensamos en naturaleza, en animales y plantas, en el entorno natural donde moran las especies vivas. No es de extrañar: la ecología es la ciencia que estudia las interacciones tanto entre los propios seres vivos, como entre estos y su entorno.

Por ello, es casi seguro que al hablar de ecología nadie piensa en la palabra miedo. Es indudable que los grandes carnívoros, como el león, el tigre, o el oso, inspiran miedo en sus presas, un miedo importante para su supervivencia porque pone en marcha el mecanismo de huida o de defensa. Nadie había sospechado que el miedo pudiera ejercer un papel en el equilibrio de los ecosistemas hasta que, en el año 1999, un grupo de investigadores propuso esta idea. Desde entonces, se ha investigado la función que el miedo ejerce en el comportamiento de animales que pueden servir como presas a los grandes carnívoros y sus efectos en los ecosistemas de los que forman parte.

Los estudios realizados indican que el miedo puede afectar a la tasa de fecundidad y a la supervivencia. Estudios de este mismo año indican que el miedo que los grandes carnívoros inspiran en carnívoros más pequeños (llamados mesocarnívoros), como zorros, linces o tejones, puede desencadenar una cascada de efectos ecológicos y afectar a su supervivencia y a la de sus presas. Por ejemplo, el miedo puede frenar a los mesocarnívoros a cazar presas de manera compulsiva, ya que deben estar vigilantes para no convertirse ellos en una.

Uno de los problemas con los que se encuentran los sistemas ecológicos en la actualidad es que el miedo se está perdiendo (al igual que en muchos sistemas políticos se está perdiendo la vergüenza). Esto es consecuencia de la extinción de los grandes carnívoros que lo evocaban. La extinción del oso y del lobo en numerosos enclaves del hemisferio norte ha dejado a mesocarnívoros, como zorros o tejones, sin nadie a quien temer.

¿Sin nadie? Afortunadamente, no. Estos animales temen al ser humano, cazador sin piedad ni escrúpulos, poderosísimo predador, capaz de matarles a gran distancia, muchas veces sin ni siquiera darles la oportunidad de que se den cuenta de su presencia e intenten la huida. Por esta razón, los científicos se han formulado la pregunta de si el miedo que puede evocar el ser humano en los mesocarnívoros puede servir de sustituto del miedo que han dejado de inspirar los grandes carnívoros extintos, en particular los osos y los lobos, en algunos ecosistemas del hemisferio norte.

SÚPER MIEDO

La cuestión tiene su aquel, porque al parecer hay miedos mayores que otros. Aunque no hay duda de que los mesocarnívoros temen al ser humano, ignoramos si este miedo es de una característica similar al miedo causado por los grandes carnívoros. De ser esta diferente, el miedo que los mesocarnívoros sienten hacia nosotros podría no ejercer los mismos efectos ecológicos que el miedo que sienten, o sentían, hacia otros predadores.

Por esta razón, investigadores canadienses y británicos se propusieron medir los efectos del miedo causado por humanos u otros grandes predadores en un mesocarnívoro común del hemisferio norte: el tejón europeo[1]. Para ello, se basaron en estudios anteriores que demostraban que la reproducción de vocalizaciones grabadas de grandes predadores provoca miedo. Curiosamente, solo dos experimentos han analizado el miedo causado por grabaciones de la voz humana, uno en elefantes africanos y otro en monos cercopitecos asiáticos. Ambos animales huyen despavoridos al oír las grabaciones de simples conversaciones humanas mantenidas en tono normal. No les quiero ni decir cómo huirían si oyeran una de esas salvajes tertulias políticas de radio o televisión, tan comunes estos días.

Para sus experimentos, los investigadores preparan una serie de lugares cercanos a las guaridas de los tejones, en donde colocan alimento, una cámara de grabación y un altavoz por donde se emitirán las vocalizaciones

---

1 Michael Clinchy et al. Fear of the human "super predator" far exceeds the fear of large carnivores in a model mesocarnivore. Behavioral Ecology (2016), 00(00), 1–7. doi:10.1093/beheco/arw117

de cinco animales: ovejas, perros, lobos, osos y humanos. Las ovejas sirven como estímulo no amenazante en comparación a los otros. Osos y lobos son animales extintos desde hace ya tiempo en el hábitat del tejón europeo objeto de estudio, mientras que los perros no lo están, por lo que tal vez estos inspiren más miedo a los tejones actuales.

Puesto que los tejones suelen salir al anochecer en busca de comida, las vocalizaciones comenzaban a ser emitidas, en un orden aleatorio, al ocaso, y se mantenían durante dos horas. Para medir el miedo de los tejones, a lo largo de cuarenta y nueve noches los investigadores determinaron el tiempo que tardaban en salir en busca de alimento, su actitud de vigilancia, el número de visitas al lugar de la comida y el número de diferentes tejones que lo visitaba. Los investigadores recogieron así 2.640 entretenidos vídeos.

El análisis de los datos permitió extraer claras conclusiones. Oír a osos y perros les hizo sentir miedo, pero oír a los lobos no les hizo sentir ninguno. Sin embargo, como en el caso de los elefantes y cercopitecos, oír una simple conversación o la lectura de un texto hizo que la mayoría de los tejones huyeran sin comer nada y redujo dramáticamente el tiempo de alimentación y el número de visitas al lugar de la comida de aquellos tejones con la valentía o el hambre suficientes como para atreverse a comer en presencia de una voz humana.

Los investigadores concluyen que el miedo evocado por el súper predador humano es de diferente calidad que el inspirado por los grandes carnívoros y no puede sustituir, por tanto, la función ecológica que este ejercía. Cambios debidos a la ausencia de un tipo de miedo y al exceso de otro se están produciendo en los ecosistemas. Era de temer.

31 de julio de 2016

Por Qué Gira El Girasol

Solo cuando los girasoles son jóvenes y están creciendo muestran su asombroso comportamiento de seguimiento del sol

El aceite de girasol es uno de los más consumidos, y no es difícil ver terrenos plantados de girasoles, en particular cuando el verano ya declina. Es una vista espectacular: la altura de estas plantas puede superar los dos metros.

Aunque el girasol parece una gran flor, esto es engañoso. En realidad, la flor del girasol está formada por cientos de pequeñas florecillas que se agrupan en el centro circular de la pretendida gran flor de pétalos amarillos. Debidamente polinizada, cada florecilla acabará dando lugar a un fruto, la conocida pipa de girasol.

Aunque se cultiva solo una especie de girasol, la llamada *Helianthus annuus*, existen setenta y tres especies de girasoles. Como es bien sabido, el nombre genérico con el que se ha bautizado a todas estas especies de plantas deriva de que son capaces de girar a medida que el sol se desplaza, siguiendo su trayectoria. En este sentido los girasoles son extraordinarios, aunque solo cuando son jóvenes.

Sí, solo cuando los girasoles son jóvenes y están creciendo muestran su asombroso comportamiento de seguimiento del sol. Incluso siguen a este por la noche, cambiando su orientación hacia el este en anticipación de su salida. Una vez dejan de crecer, los girasoles ya no siguen al sol y quedan orientados siempre hacia el este.

Como ya no debería extrañar a nadie, los científicos son unos "giramisterios" y, sean jóvenes o mayores, orientan su inteligencia hacia los misterios, con la sana intención de hacerlos desaparecer. Por supuesto, esto ha sucedido también con los misterios del girasol. ¿Por qué gira siguiendo al sol? ¿Por qué deja de hacerlo cuando ha crecido? ¿Cómo se produce este comportamiento en una planta que no tiene ni ojos para ver el sol, ni músculos para moverse?

Un grupo de científicos ha realizado una serie de interesantes experimentos para intentar desvelar estos secretos, los cuales han sido publicados en la revista *Science*[1]. Vamos a describir algunos de ellos y a explicar qué es lo que han revelado.

CUESTIÓN DE HORMONAS

Los investigadores manipularon la exposición de los girasoles a la luz del sol o a luz artificial y estudiaron lo que sucedía. En un experimento, los girasoles se expusieron a una luz artificial fija colocada encima de las plantas. Puesto que esta luz no se movía, el sentido común de los girasoles hubiera dictado que estos no giraran y que se quedaran con las flores en la misma posición, enfrentadas a la luz. No fue esto lo que sucedió, y los pobres girasoles siguieron girando por varios días. Esto quiere decir que el comportamiento del girasol depende de ritmos circadianos que no obedecen exclusivamente al movimiento del sol.

En otros experimentos, los científicos descubrieron que el comportamiento de seguimiento del sol depende de ciertas hormonas de crecimiento. Como hemos dicho, este comportamiento solo se produce en plantas jóvenes. Sin embargo, plantas jóvenes, con mutaciones en genes de las hormonas de crecimiento que impiden su correcto funcionamiento, no pueden seguir el movimiento del sol, lo que indica que no es la juventud, sino la capacidad de crecer la que es indispensable para que los girasoles giren. Curiosamente, la cantidad de hormonas de crecimiento es mayor siempre en la parte de la planta opuesta al sol. Es esta parte la que, al estirarse por crecer un poco más que la otra parte, dobla a la planta de forma que la flor enfrente al sol. Estos ciclos de aumento y disminución de hormonas del crecimiento en zonas de la planta orientadas al este o al oeste parecen ser por tanto fundamentales para que los girasoles sigan el movimiento del sol.

Los estudios también demuestran que los girasoles son más sensibles a la luz por la mañana que por la tarde, es decir, tienen una preferencia acerca

1 Circadian regulation of sunflower heliotropism, floral orientation, and pollinator visits. Hagop S. Atamian, et al. 2016. 5 AUGUST 2016 • VOL 353 ISSUE 6299, pp 587.

de la dirección de donde proviene la luz. Esta preferencia puede ser determinante para que cuando dejan de crecer queden siempre enfrentados hacia el este, por donde el sol suele salir, hasta nueva orden.

Muy bien, pero ¿qué ventaja obtiene el girasol orientando su flor hacia el sol? Para averiguarlo, los investigadores hicieron una pequeña faena a unos girasoles. En primer lugar, los plantaron en macetas. Cuando ya habían desarrollado su flor, pero aún seguían creciendo, al amanecer (las faenas más crueles siempre se hacen al amanecer), dieron media vuelta a la mitad de las macetas y dejaron a la otra mitad sin girar. De este modo, pudieron estudiar qué sucedía cuando los girasoles daban la "espalda" al sol, lo que nunca sucede en la Naturaleza. Los científicos comprobaron que la temperatura de las flores que se enfrentaban al oeste era menor que la de las flores enfrentadas al este. Esta menor temperatura hacía menos atractivas a las flores para la visita de insectos polinizadores. Esto implica que las flores enfrentadas al sol ven aumentada su probabilidad de reproducción y pueden generar más semillas que las no enfrentadas al astro rey, lo cual es una clara ventaja evolutiva.

Para comprobar que no era la luz, sino la temperatura la responsable de la mayor visita de insectos polinizadores, los científicos calentaron a las plantas enfrentadas al oeste con estufas especiales hasta que alcanzaron la misma temperatura que las plantas enfrentadas al este. En estas condiciones, los insectos polinizadores visitaron ambas plantas en números similares. Así pues, los girasoles, al girar, no buscan tanto la luz del sol como el calor que este proporciona.

Estos interesantes estudios desvelan nuevos y sorprendentes hechos sobre el extraordinario comportamiento de los girasoles, los cuales pueden darnos un tema en qué pensar este verano, mientas esperamos a que el "sol" salga por algún lado, se haga algo de luz y, finalmente, España constituya un gobierno, a ser posible que no gire cada día dependiendo de sus "hormonas".

7 de agosto de 2016

SEXO, GÉNERO Y RESOLUCIÓN DE CONFLICTOS

El fenómeno del deporte se nutre de la historia evolutiva de nuestra especie, en la que los conflictos entre individuos y grupos han sido una constante

LOS TAN ALABADOS Juegos Olímpicos que se están celebrando estos días no dejan de ser un conflicto, mejor dicho, una nutrida serie de conflictos, aun reglados y civilizados. Sea el deporte o disciplina que sea, el objetivo es ganar. Aunque se suele decir que lo importante es participar, en realidad lo importante es participar con intenciones y probabilidades de ganar. Por esa razón, solo los potenciales ganadores son admitidos para participar en las olimpiadas. Al fin y al cabo, es una guerra; solo puede quedar uno.

Existen pocas dudas sobre el hecho de que el fenómeno del deporte se nutre de la historia evolutiva de nuestra especie, en la que los conflictos entre individuos y grupos han sido una constante durante millones de años. Las especies más cercanas a la nuestra, con las que compartimos un ancestro común, como los gorilas y los chimpancés, también comparten con nosotros la casi cotidianidad de los conflictos. En sus sociedades, como en las nuestras, machos y hembras no se implican en conflictos de la misma forma. Los machos están más involucrados en conflictos entre grupos; pueden formar equipos de guerreros, que no son necesariamente familiares ni amigos, los cuales deben cooperar para atacar o defenderse. Las hembras, en cambio, suelen estar menos implicadas en luchas y rencillas grupales, y entablan relaciones con otras hembras que no sean miembros de su familia o amigas muy cercanas con escasa frecuencia.

Estas constataciones han llevado a algunos estudiosos de la evolución humana a proponer la llamada hipótesis del guerrero. Esta hipótesis mantiene que el éxito en conflictos entre diferentes grupos ha sido fundamental durante la evolución humana, lo que ha obligado a incrementar la cooperación entre machos genéticamente poco relacionados entre sí, es decir, pertenecientes a diferentes familias (los guerreros). La necesidad de mayor cooperación ha debido hacer también necesaria la aparición de mecanismos para sanar conflictos entre machos del mismo grupo, que de no ser eliminados conllevarían divisiones internas que podrían resultar muy perjudiciales para la supervivencia del grupo. La hipótesis mantiene también que estos mecanismos de resolución de conflictos en los machos no se implementarían con tanta intensidad entre las hembras.

Como todas las hipótesis que pretendan ser consideradas científicas, esta debe poder ser también confirmada o refutada por observaciones. Puesto que es complicado y peligroso acompañar a patrullas militares o policiales en acción, que además deberían estar formadas exclusivamente por hombres o por mujeres, y analizar si estos grupos de sexos opuestos arreglan sus conflictos internos de manera diferente, dos investigadores de la Universidad de Harvard han estudiado cómo dos oponentes, ambos hombres o mujeres, en diferentes disciplinas deportivas, resuelven el conflicto creado por la confrontación en el deporte[1].

RELACIONES AMISTOSAS

La manera en que los investigadores se las apañan para estudiar este asunto no puede ser más sencilla. Aprovechando las nuevas tecnologías, los científicos utilizan un método estandarizado para localizar en la plataforma de vídeos por Internet YouTube, decenas de partidos de tenis, bádminton, tenis de mesa y combates de boxeo, realizados por hombres o por mujeres de 44 países. Los investigadores no estaban interesados en los resultados de las confrontaciones, sino en el comportamiento amistoso de los oponentes tras las mismas. Estos no suelen ser miembros de la misma familia, ni siquiera del mismo país, pero sí se consideran miembros de una comunidad de deportistas de la misma disciplina, en la que no conviene mantener vivas rencillas o conflictos insanos.

Los científicos miden con precisión el tiempo de interacción entre los oponentes tras terminar un partido o un combate, y toman nota de si se daban solo la mano, se tocaban los brazos o la espalda, o se daban un abrazo o un beso. El análisis de los datos recopilados revela varios hechos tal vez

1 Benenson and Wrangham, Cross-Cultural Sex Differences in Post-Conflict Affiliation following Sports Matches, Current Biology (2016), http://dx.doi.org/10.1016/j.cub.2016.06.024

sorprendentes. En primer lugar, los hombres dedicaron significativamente más tiempo que las mujeres a interaccionar amistosamente tras los partidos o combates. En segundo lugar, tanto los hombres ganadores como los perdedores, tocaron el brazo de su oponente un número de veces significativamente superior al de las mujeres. No hubo, sin embargo, diferencias entre hombres y mujeres en el número de abrazos o de besos.

Particularmente interesante resultó el análisis del comportamiento entre los oponentes en los combates de boxeo, una modalidad deportiva que se asemeja mucho más a un conflicto físico que las demás. En este caso, de nuevo, los hombres dedicaron claramente más tiempo que las mujeres a interaccionar amistosamente tras los combates, más aún que en el caso de las otras disciplinas deportivas, como si el daño físico causado en este caso a su oponente necesitara de mayores muestras de cercanía para mitigarlo.

Estos datos resultan muy reveladores a la luz de los estudios que indican que en condiciones normales de interacción social son las mujeres las que más contacto físico entablan con otros miembros de su propio sexo, situación que, como hemos visto, se invierte en el caso de los conflictos deportivos. La hipótesis del guerrero parece pues apoyada por estos estudios.

Lo anterior invita a una reflexión: aunque hombres y mujeres deben ser iguales ante la ley y disfrutar de igualdad de oportunidades, idealmente adaptadas además a cada caso, ambos sexos somos fruto de una larga historia evolutiva que condiciona cómo reaccionamos e interaccionamos ante determinadas situaciones y ante los demás. Comprender esto lo mejor posible gracias a estudios como el relatado aquí puede ser muy importante antes de juzgar a los demás, o de elaborar o modificar alegremente leyes o normas de supuesta igualdad.

14 de agosto de 2016

VISUALIZACIÓN DEL ESTADO MENTAL DE UNA MOSCA

Mediante el empleo de técnicas quirúrgicas en las moscas, los científicos les realizaron una trepanación y les abrieron una ventana en el "cráneo"

EN LAS ÚLTIMAS décadas, las tecnologías de imagen cerebral han aportado una enorme cantidad de datos en animales de laboratorio y humanos urbanos, que han permitido un avance espectacular en la comprensión de los mecanismos de funcionamiento cerebral y de las causas de enfermedades neurodegenerativas. Sin embargo, estas tecnologías sufren de serias limitaciones. Una de las más importantes es que los sujetos estudiados necesitan estar inmovilizados total o parcialmente, lo que impide el estudio de la actividad cerebral en situaciones en las que resultaría muy interesante hacerlo, como durante la interacción social en libertad.

Por esta razón, se ha investigado con intensidad para desarrollar nuevas tecnologías capaces de estudiar la actividad de al menos parte del cerebro en animales de laboratorio sin necesidad de inmovilizarlos. Esto se consiguió por primera vez en 2008, mediante el desarrollo de un mini microscopio portátil, de solo 1,1 gramos de peso. Este microscopio podía ser montado sobre los cráneos perforados de ratones de laboratorio vivos, genéticamente modificados de modo que las neuronas activas emitieran luz de una frecuencia dada al ser estimuladas por otra luz de una frecuencia superior, luz que el propio mini microscopio portátil era capaz de proporcionar.

El empleo de gusanos de laboratorio genéticamente modificados de manera que la actividad de las neuronas les hiciera emitir luz y el desarrollo de un sofisticado sistema de adquisición de imágenes permitió el año pasado a un grupo de investigadores analizar la actividad del cerebro completo de estos gusanos (de solo 302 neuronas) mientras se movían libremente. Bien es cierto que, como el gusano solo mide un milímetro de longitud, no se mueve nunca a gran velocidad.

Sin embargo, ambos avances, aunque importantes, no permiten el estudio de, bien todas las regiones del cerebro, como en el caso del ratón, bien de comportamientos más sofisticados que los del gusano. Por esta razón, investigadores de la Universidad de California se propusieron conseguir analizar la actividad cerebral en moscas de laboratorio en libertad de movimientos, y lo han conseguido. Estos animales muestran una amplia variedad de comportamientos que dependen, obviamente del control neuronal. Por ello, estos estudios, publicados en la revista *Nature methods* son de un elevado interés y sofisticación. Vamos a intentar explicarlos[1].

UNA VENTANA A LA MENTE

No se escapará a nadie que el tamaño de la mosca de laboratorio, de solo unos milímetros de longitud, dificulta mucho colocarle en su cabeza un microscopio, que debería ser no ya un mini microscopio sino un micro microscopio, valga la redundancia. De momento, tal nivel de miniaturización está fuera del alcance hasta del japonés más pintado.

Los científicos idearon otro método que no usaba microscopio portátil. Mediante el empleo de técnicas quirúrgicas en las moscas, los científicos les realizaron una trepanación y les abrieron una ventana en el "cráneo", eliminando la cutícula protectora y sellando el orificio con silicona transparente biológicamente inerte. La ventana así abierta al cerebro de estos dípteros permitía la exposición de todo el llamado protocerebro, que incluye regiones fundamentales del sistema nervioso de los insectos.

Tras dejar que se recuperaran por un día, un largo tiempo para la vida de una mosca de laboratorio, que solo vive de tres a cuatro semanas, las moscas que mostraron un comportamiento locomotor normal fueron empleadas para los experimentos. Estas fueron colocadas en un recipiente cóncavo cubierto con una tapadera transparente para evitar que huyeran. Dentro de ese recipiente las moscas podían moverse con libertad.

Sobre este recipiente se situaba un sofisticado sistema de seguimiento de los movimientos y de iluminación mediante un rayo láser que se dirigía en todo momento a la ventana abierta en la cabeza de la mosca, fuere cual

1 Dhruv Grover et al. (2016). Flyception: imaging brain activity in freely walking fruit flies. http://www.nature.com/nmeth/journal/v13/n7/full/nmeth.3866.html

fuere la posición de esta en el recipiente. Este rayo láser era necesario para estimular la emisión de fluorescencia en las neuronas que se fueran activando dependiendo del comportamiento del animal.

Para comprobar que su sistema funciona y es capaz de detectar la actividad neuronal, los investigadores realizan dos experimentos. En el primero, exponen a las moscas a vapor de etanol para estimularles el sentido del olfato. Como esperaban, esta exposición activó la emisión de luz en las neuronas olfativas. Además, la activación de estas fue mayor o menor dependiendo de la distancia a la fuente de olor, y esta activación no estuvo asociada al movimiento del animal en el recipiente, lo que indicó que la activación neuronal no se debía a este.

A continuación, los investigadores analizaron la actividad cerebral en una situación más entretenida: el cortejo. El cortejo y el coito en las moscas comprende una serie de intrincados rituales que dependen del funcionamiento del gen llamado fru en ciertas neuronas. Los investigadores generaron moscas genéticamente modificadas cuyas neuronas emitirían luz fluorescente solo si se activaban y, al mismo tiempo, tenían al gen fru funcionando. Cuando un macho de esta estirpe de mosca, con su ventana cerebral debidamente formada, fue introducido en el recipiente con una mosca hembra virgen, este se puso de inmediato a hacerle la corte, comportamiento que iluminó la actividad de las neuronas fru.

Estos experimentos prueban la solidez de este sistema de adquisición de datos de actividad cerebral y estado mental en moscas con libertad de movimientos y pueden permitir el descubrimiento de nuevas funciones neuronales que antes no podían estudiarse en animales inmovilizados. Por supuesto, estos estudios pueden permitir avances también en el caso humano, ya que neuronas humanas y de moscas no son tan diferentes como nos gustaría, lo que finalmente explica muchas cosas sobre el mundo, ¿no cree?

21 de agosto de 2016

DIFÍCIL VIDA EN EL PLANETA EXTRASOLAR MÁS PRÓXIMO

Próxima b es un planeta similar a la Tierra en tamaño y podría incluso albergar vida

EL PASADO MIÉRCOLES apareció la noticia del descubrimiento del planeta extrasolar más próximo a la Tierra[1]. Este planeta orbita alrededor de la estrella más cercana al Sol, es decir, no se trata de un planeta vagabundo, de los que hay muchos. Esta estrella recibió el nombre de Próxima de Centauro, obviamente por ser la más cercana y por encontrarse en la constelación de Centauro. Próxima se encuentra a solo unos cuatro años luz de la Tierra, por lo que si, en un futuro, la Humanidad se atreve a salir del Sistema Solar, lo más probable es que la primera aventura sea llegar a esa estrella.

Tenemos ahora una razón adicional para intentarlo. El planeta descubierto, al que se ha bautizado con el nombre de Próxima b, posee una masa de 1,3 veces la terrestre y se encuentra orbitando a Próxima dentro de la llamada zona habitable de la estrella, o sea, aquella región que es compatible con la existencia de agua líquida. Próxima b es, por tanto, un planeta similar a la Tierra en tamaño y podría incluso albergar vida.

Sin embargo, las similitudes con la Tierra tal vez acaben aquí. Próxima no es una estrella similar al Sol, sino una estrella de tipo enana roja. Estas estrellas son pequeñas, lo que explica su nombre, y en ocasiones apenas cuentan con la masa suficiente como para iniciar las reacciones de fusión nuclear en su centro. Como consecuencia, estas estrellas son poco energéticas y su luz es más bien mortecina y roja, lo que explica su apellido.

---

1 Guillem Anglada-Escudé et al. A terrestrial planet candidate in a temperate orbit around Proxima Centauri. Nature 536, 437–440 (25 August 2016). http://www.nature.com/nature/journal/v536/n7617/full/nature19106.html

Por esta razón, los planetas que orbitan a estrellas enanas rojas en la zona habitable lo hacen a una muy corta distancia de las mismas, mucho más corta que la distancia de Mercurio al Sol. En el caso de Próxima b, el planeta está tan próximo a Próxima, valga la redundancia, que se encuentra a tan solo siete millones de kilómetros de la estrella y gira a su alrededor en 11,2 días terrestres. Como comparación, Mercurio se encuentra a una distancia media del Sol diez veces superior y tarda casi 88 días terrestres en dar una vuelta a su alrededor.

ACOPLAMIENTO DE MAREA

Una órbita cercana acarrea importantes consecuencias, ya que los planetas que se encuentran en esta situación pronto acaban por ofrecer la misma cara a la estrella –de la misma manera que la Luna ofrece la misma cara a la Tierra–, un fenómeno llamado acoplamiento de marea. Esto conlleva serios problemas para la posible vida que pudiera desarrollarse en el planeta[2]. En primer lugar, la parte del planeta dirigida hacia la estrella se encontrará en un día perpetuo, a una alta temperatura, probablemente superior a los 100°C, y recibiendo altísimas dosis de radiación ultravioleta, e incluso rayos X. Sin embargo, la parte del planeta que da la espalda a su estrella se encontrará en una noche perpetua, a una temperatura muy baja, probablemente inferior a -100°C. Solo una estrecha franja del planeta que conectaría sus dos polos se encontraría en una especie de amanecer u ocaso continuo, y probablemente solo en esta franja podría existir agua líquida. Es posible que, si el planeta se encuentra más alejado de la estrella, la región que pueda poseer agua líquida se encuentre en latitudes del planeta más cercanas al ecuador, pero sea como sea, esta región habitable será solo una pequeña porción de la superficie del planeta.

Pero hay más. Si el planeta posee atmósfera -condición fundamental para que pueda albergar vida-, lo que puede ser el caso de Próxima b, dado que su masa es similar a la de la Tierra, la atmósfera de la parte dirigida a la estrella se calentará y se expandirá, creando una zona de bajas presiones, mientras que la atmósfera de la parte oscura se enfriará y caerá hacia el planeta, creando una zona de altas presiones. Esto generará una circulación

2 https://arxiv.org/ftp/arxiv/papers/1405/1405.1025.pdf

atmosférica enorme, con vientos que dejarían en ridículo a los de los mayores huracanes de nuestro planeta. El clima planetario en esas condiciones puede ser muy inestable y no permitir el desarrollo de la vida que, al menos en sus orígenes, necesita de unas condiciones de estabilidad que permitan su evolución.

Igualmente, la circulación del agua en todo el planeta sufriría condiciones extremas. En la parte iluminada por la estrella, el agua se encontraría en estado vapor, pero este comenzaría a condensarse en la zona limítrofe entre el día y la noche, en donde se producirían lluvias torrenciales prácticamente todo el tiempo. Más hacia el interior de la parte oscura, enormes tormentas de hielo y nieve podrían llegar a producirse. El resultado de todo esto sería la desecación de la parte iluminada y el acúmulo de agua y hielo en la parte oscura, lo que podría ir disminuyendo paulatinamente la disponibilidad de agua líquida en la franja limítrofe entre ambas caras del planeta, o en la zona del mismo en donde la vida pudiera desarrollarse. Por supuesto, si el desarrollo y evolución de la vida más simple se encuentra con las dificultades anteriores, no es de esperar que la vida en un planeta como Próxima b, de haberse producido, haya podido evolucionar hacia formas de vida complejas e incluso inteligentes.

Finalmente, un problema adicional para la vida en Próxima b sería la ausencia de ritmos y cambios diarios y estacionales, a los que la vida en la Tierra está tan acostumbrada. Próxima b no oscila entre el día y la noche. Igualmente, no parece probable que el planeta cuente con estaciones similares a las terrestres. Esto quiere decir que en el caso de que el planeta sea habitable por la especie humana en los milenios futuros, no será fácil adaptarse a las condiciones inmutables que existirán incluso en las latitudes más benignas del planeta. Por ello, la búsqueda de nuevos planetas habitables continuará, sin duda. Al fin y al cabo, no ha hecho sino empezar.

28 de agosto de 2016

LA ESTRELLA MÁS EXTRAÑA DE LA GALAXIA

El descubrimiento atañe a la estrella llamada KIC 8463852, similar al Sol, y localizada en la constelación del Cisne a unos 1.400 años-luz de la Tierra

LA CIENCIA ESTÁ llena de descubrimientos inesperados y no es raro que los científicos que pretenden descubrir una cosa, acaben descubriendo otra. Este fenómeno ha vuelto a suceder de nuevo con las observaciones realizadas por el telescopio espacial Kepler.

Recordemos que este telescopio espacial, que lleva en funcionamiento desde el año 2009, tiene como misión el hallazgo de planetas extrasolares. Para ello, Kepler está situado en una órbita solar de manera que la Tierra nunca oculta su punto de mira, el cual comprende una región de nuestra galaxia con cerca de 150.000 estrellas.

La manera empleada por Kepler para descubrir planetas es analizar los cambios de luminosidad de las estrellas. Estos cambios se producen cuando los planetas que las orbitan pasan por delante de ellas, bloqueando una pequeña parte de la luz que llega al telescopio. Tres bloqueos sucesivos con una periodicidad similar son considerados por los algoritmos de análisis de datos como prueba de la existencia de, al menos, un planeta orbitando la estrella.

La cantidad de datos acumulada por Kepler es enorme, por lo que para el análisis de los mismos se ha pedido la ayuda de los astrónomos aficionados que se adhieren al programa *Planet Hunters*. Mediante este programa, los astrónomos aficionados pueden acceder por Internet a los datos de Kepler y analizarlos en busca de planetas. Gracias a ellos se produjo un descubrimiento inesperado que los análisis informatizados no pudieron realizar.

El descubrimiento atañe a la estrella llamada KIC 8463852, similar al Sol, y localizada en la constelación del Cisne a unos 1.400 años-luz de la Tierra. El año pasado, esta estrella suscitó el asombro de propios y extraños porque los análisis realizados por los voluntarios de *Planet Hunters* indicaron cientos de caídas y subidas en su luminosidad durante el tiempo de observación de Kepler, pero estos cambios no sucedían a intervalos regulares, lo que indicaba que no se debían al paso periódico de uno o más planetas por delante de ella[1].

CAMBIOS ERRÁTICOS

Algunos de estos cambios han sido muy importantes. Por ejemplo, la luminosidad de esta estrella disminuyó alrededor de un 15% el 5 de marzo de 2011. Comparemos este dato con la bajada de luminosidad causada por un planeta mayor que Júpiter orbitando muy cerca de su estrella, que es solo de un 1%.

Tras esa gran caída y posterior recuperación de la luminosidad, transcurrieron dos años sin demasiadas anomalías. A partir de febrero de 2013, no obstante, comenzó otro periodo de cambios erráticos e intensos de luminosidad. Una de estas fluctuaciones conllevó una caída de la luminosidad de la estrella del 22%, lo que es verdaderamente enorme.

Ante esta situación, los astrofísicos se las están viendo negras para postular hipótesis que puedan explicar estos datos. Una de ellas sostiene que la estrella está atravesando un enjambre de cometas. Sin embargo, el enjambre debería ser de una magnitud más allá de lo astronómico para dar cuenta de cambios de luminosidad tan intensos.

Por supuesto, no faltan las hipótesis que achacan los cambios de luminosidad a la actividad de una civilización avanzada. Esta civilización estaría construyendo o habría construido una estructura alrededor de la estrella para aprovechar su energía. Estas estructuras tienen incluso un nombre: enjambres de Dyson, en honor al iluminado ingeniero que los propuso. La verdad, tengo que hacer esfuerzos para no reír ante de esta proposición, porque no solo una civilización avanzada es improbable, como ya he argumentado en otras ocasiones, sino que estas estructuras son realmente cercanas a lo imposible. Los cálculos de la cantidad y calidad de los materiales que deberían ser empleados para construir esta estructura

1 Benjamin T. Montet and Joshua D. Simon KIC 8462852 faded through the Kepler mission. http://arxiv.org/pdf/1608.01316v1.pdf

alrededor de una estrella sugieren que una civilización tan avanzada como para poderla realizar podría igualmente dedicarse a viajar por el cosmos en busca de aventuras más interesantes, como estudiar el rarísimo fenómeno de formación de gobierno en España.

No obstante, el programa SETI ya ha explorado las emisiones electromagnéticas procedentes de esta estrella y sus alrededores para intentar averiguar si pudiera haber vida inteligente que intentara comunicar con otras inteligencias, entre las que -erróneamente, sin duda- tal vez hubieran clasificado a nuestra civilización. Los resultados de estas observaciones han sido negativos y no contamos, por tanto, con evidencia de que sea una civilización la causante de los erráticos cambios de luminosidad de KIC 8463852.

Así pues, el misterio sigue sin ser resuelto, y no solo eso, sino que los análisis realizados a lo largo de todo el periodo de observación de esta estrella por el telescopio Kepler, unos cuatro años, indican que la luminosidad de la estrella ha venido bajando, aunque no de manera constante. Los primeros 1.100 días de observación, su luminosidad disminuyó un 0,341% por año. A partir del día 1.100 hasta el 1.300, la caída de luminosidad se intensificó hasta un 2,5% en ese periodo. A partir de entonces, la caída de luminosidad volvió a los niveles anteriores.

Estos datos han inspirado otra nueva hipótesis, más plausible que las anteriores, que es que la estrella está atravesando una nube de gas y polvo, con regiones más densas que otras, las cuales al situarse frente a la estrella bloquearían su luz de manera aparentemente errática. Esta hipótesis necesitará de nuevas observaciones en longitudes de onda diferentes del visible, como el infrarrojo, que se van a realizar en un futuro próximo. A la espera de los nuevos datos que proporcionen, por el momento la Astronomía se enfrenta a una estrella única, diferente a cualquiera observada anteriormente. Habrá que seguir estudiándola para resolver el desafío que nos plantea.

4 de septiembre de 2016

NUEVOS DESCUBRIMIENTOS SOBRE LA COLONIZACIÓN DE AMÉRICA

Los datos conseguidos por unos deben confrontarse con los datos obtenidos por otros y ser analizados y debatidos en busca de la verdad

HACE UNAS SEMANAS hablaba de nuevos descubrimientos que confirmaban que la colonización del continente americano se había producido hacía unos 16.000 años a partir de una única migración de una población que moraba, desde miles de años antes, la región asiática de Beringia, la cual, en el tiempo de la colonización, conectaba Eurasia y Alaska. Esta conclusión se había conseguido mediante el análisis de ADN de las mitocondrias extraído de 92 momias precolombinas datadas en diversas fechas desde hace 8.600 a cerca de 500 años. Estos descubrimientos, publicados en la prestigiosa revista *Science Advances*, parecían dar fin a la controversia de si la colonización de América se originó en una o más migraciones independientes y se si produjo desde Eurasia o desde el océano Pacífico.

Sin embargo, la controversia continúa. Un nuevo estudio, publicado en la revista *Nature*[1], parece demostrar ahora que la supuesta ruta única de colonización de América a partir de Eurasia es inviable y que la colonización del continente americano debió suceder desde el norte, pero de otra forma. ¿Cómo es esto posible?

En primer lugar, es posible porque la actividad científica funciona de este modo, bien saludable, por otra parte, en el que los datos conseguidos por unos deben confrontarse con los datos obtenidos por otros y ser analizados y debatidos en busca de la verdad, o al menos de la verdad más probable. En segundo lugar, es posible porque los análisis de ADN obtenidos a partir de otras fuentes indican que la ruta continental entre Eurasia y América no

1 Postglacial viability and colonization of North America ice-free corridor. Nature 537, 45-49 (01 September 2016). http://www.nature.com/nature/journal/v537/n7618/full/nature19085.html

pudo ser utilizada en la época en la que se supone la migración tuvo lugar para colonizar el continente americano.

Para entender por qué, es necesario recordar que durante el tiempo en el que se supone que la colonización se produjo, América y Eurasia estaban conectadas por dos enormes placas de hielo de varios kilómetros de espesor, las placas llamadas Laurentina y de la Cordillera. Solo cuando la última glaciación terminó y el deshielo comenzó a producirse, se hizo posible la abertura de un corredor interior desde Beringia y Alaska por donde la migración pudo producirse.

Esta idea parece muy sensata, pero tiene un serio problema que no se había tenido en cuenta hasta el nuevo estudio realizado ahora. Este problema no es otro que no solo es necesario el deshielo, sino que es también necesario un tiempo adicional para que el corredor deshelado sea poblado por una flora y fauna que proporcionen los recursos naturales necesarios para alimentar a una población migratoria. En otras palabras, el corredor deshelado pudo seguir siendo un desierto durante cientos de años, lo que forzosamente tuvo que retrasar la colonización del continente.

ADN EN ESTRATOS

Esto no tendría mayores consecuencias si no fuera porque este tiempo adicional necesario hace imposible que la colonización sucediera por ese corredor, porque para cuando esto fue posible, hace unos 12,600 años, ya existía una civilización en el continente americano. Se trata del pueblo Clovis, que habitó lo que es hoy Nuevo México, y que se considera el pueblo americano ancestral que originó el resto de etnias y culturas americanas. Se cree que esta etnia ya estaba establecida en Nuevo México hace unos 13.000 años.

¿Cómo llegan los investigadores a estas conclusiones? Los científicos realizan una secuenciación de ADN extraído de diferentes estratos localizados en diferentes puntos del corredor deshelado. Esta secuenciación es genérica, es decir, no busca secuenciar el ADN de una especie particular, sino de todas las especies vivas que hayan podido dejar restos de fragmentos cortos de ADN "fosilizados". La cantidad de ADN extraído y el análisis de las secuencias obtenidas dan una idea de la biodiversidad de la zona durante la edad en la que los estratos se formaron.

Las conclusiones de estos análisis son claras e indican que el corredor entre Eurasia y América no contó en el momento de su formación con los recursos necesarios para poder alimentar a una población humana. El corredor de unos 1.500 km de longitud era, por consiguiente, un desierto imposible de atravesar para los primitivos moradores de Eurasia.

Los estudios de ADN indican que lo primero que se generó en el corredor fue una vegetación esteparia, lo que posibilitó la aparición de una fauna entre la que se encontraban especies como el bisonte, el mamut, la liebre y el lobo. Algo más de mil años fueron necesarios para pasar de una vegetación esteparia a una vegetación forestal, lo que permitió la aparición de alces, ciervos y águilas.

¿Por dónde sucedió entonces la colonización del continente americano? Puesto que los datos de ADN mitocondrial son también sólidos, la colonización debió de realizarse a partir de la población de Beringia, pero por una ruta que tuvo que ser necesariamente costera, tras el deshielo de las placas, o tal vez incluso marítima.

Así pues, estos datos aportan nueva información sobre cómo se produjo la colonización humana del continente americano, pero contribuyen también a la comprensión de la evolución de los ecosistemas a partir del deshielo de la última glaciación, lo que puede contribuir a incrementar nuestra comprensión sobre la evolución de la vida frente a cambios climáticos como los que estamos viviendo. Al fin y al cabo, la colonización del continente americano tal vez no hubiera llegado a producirse de no generarse el cambio climático que acabó con la última glaciación. La evolución del clima está íntimamente ligada a la historia de la vida y de la Humanidad.

11 de septiembre de 2016

INMUNOTERAPIA PARA LOS TRASPLANTES DE CÉLULAS MADRE

El trasplante de células madre hematopoyéticas no está exento de serios riesgos

EL TRASPLANTE DE células madre hematopoyéticas (CMH), derivadas de la sangre de cordón umbilical o de la médula ósea de un donante, es una de las terapias de regeneración celular más empleadas y de mayor impacto clínico. En la persona adulta, las CMH residen en nichos especiales de la médula ósea, donde se encuentran en el entorno adecuado para reproducirse, mantener una población constante de células madre y generar, al mismo tiempo, las diversas células sanguíneas.

Las CMH son capaces de generar todas las células de la sangre, desde los glóbulos rojos a las múltiples células del sistema inmune. Por esta razón, el trasplante de estas células se emplea para curar diversas enfermedades causadas por problemas en células sanguíneas, como anemias de origen genético, enfermedades autoinmunes (en las que el sistema inmune ataca al propio organismo que debería defender), inmunodeficiencias de origen genético (como las de los conocidos "niños burbuja"), o leucemias.

A pesar de su utilidad terapéutica, el trasplante de CMH no está exento de serios riesgos. Esto es debido a que para que tenga éxito se necesitan cumplir dos condiciones en el paciente receptor de dicho trasplante. En primer lugar, es necesario que las CMH trasplantadas no sean rechazadas por su sistema inmune. En segundo lugar, es necesario generar espacio en los nichos de la médula ósea del receptor, donde viven las CMH, para que las CMH trasplantadas puedan alcanzarlos y establecerse en ellos, desde donde se reproducirán y restablecerán todo el sistema inmune, además de generar nuevos glóbulos rojos.

Para cumplir estas dos condiciones, el paciente debe ser sometido a un procedimiento que elimina sus propias CMH y destruye, además, las células de su sistema inmune. De esta manera, las nuevas CMH encontrarán sitio en la médula ósea y no serán rechazadas. El problema es que, hoy por hoy, el procedimiento es muy agresivo, ya que debe utilizarse la quimioterapia. Este tratamiento no solo elimina a estas células, sino que puede eliminar o dañar a otras células madre o adultas de otros órganos del receptor. En particular, el daño puede ser importante para el hígado, el cerebro o los órganos sexuales.

De hecho, los riesgos asociados a este tipo de trasplante impiden que pueda ser utilizado salvo en aquellos casos graves en los que se estima que los potenciales beneficios superan a los riesgos. Estos casos son aquellos en los que la vida del paciente corre serio peligro de no llevarse a cabo el trasplante.

Con suavidad

Por esta razón, se han investigado formas menos agresivas de eliminar el sistema inmune y las CMH de los pacientes de manera que no se dañen otros órganos. Ahora, investigadores de la Universidad de Stanford amplían estudios anteriores y descubren un procedimiento eficaz de eliminar el sistema inmune en ratones de laboratorio de una forma que no daña a otras células[1].

Los investigadores se basan en estudios anteriores realizados también con ratones de laboratorio que demuestran que mutaciones que disminuyen la actividad del gen c-kit impiden el mantenimiento correcto de las CMH. Este gen produce una proteína receptora para una hormona del sistema inmune (una citocina, para ser precisos) que se encuentra en las membranas de las CMH. Si esta hormona no puede ser detectada correctamente, las CMH no pueden desarrollarse con normalidad. Como consecuencia, estos ratones tienen muy pocas CMH y pueden recibir trasplantes de CMH de otros ratones, o incluso CMH humanas, sin necesidad de quimioterapia previa.

Por consiguiente, parece sensato pensar que si bloqueamos la actividad de la proteína receptora c-kit, las CMH irán muriendo y dejarán libres los

1 Akanksha Chhabra et al. (2016). Hematopoietic stem cell transplantation in immunocompetent hosts without radiation or chemotherapy. Science Translational Medicine. http://stm.sciencemag.org/content/8/351/351ra105

nichos de la médula ósea. Para bloquear la actividad de esta proteína, los investigadores administran a los ratones una alta dosis de un anticuerpo que se une fuertemente a la misma, y solo a ella. Desgraciadamente, aunque este anticuerpo tiene algún efecto, no es suficiente como para eliminar a todas las CMH del receptor.

Afortunadamente, otros estudios del sistema inmune habían descubierto que las células que tienen unidos anticuerpos en su superficie están marcadas para ser comidas y eliminadas por las células fagocíticas. Esto es así con las bacterias y los virus, que cuando tienen anticuerpos unidos a su superficie son fagocitados y digeridos por los macrófagos. Sin embargo, no sucede lo mismo con las células del propio cuerpo, aunque estén recubiertas de anticuerpos. La razón es que las células tienen en su membrana una proteína, llamada CD47, que sirve como señal inhibitoria de la fagocitosis. Esta molécula le dice "no me comas" a los fagocitos, incluso a pesar de que las células que la poseen estén recubiertas de anticuerpos.

Por esta razón, los investigadores pensaron que administrar a los ratones un segundo anticuerpo contra la proteína CD47, además del anticuerpo contra c-kit, podría estimular a los fagocitos a comerse a sus propias CMH recubiertas del anticuerpo contra c-kit, y a eliminarlas de manera mucho más eficaz. En efecto, esto fue lo que sucedió. Los ratones a los que se administró ambos anticuerpos al mismo tiempo vieron sus CMH disminuidas en más de un 99%, lo que permitió el éxito de los trasplantes de CMH provenientes de otros ratones que actuaron como donantes.

Habrá que esperar al resultado de los ensayos clínicos con pacientes para comprobar si este procedimiento es eficaz también en humanos. De ser así, esto posibilitará que el trasplante de CMH pueda ser realizado con menor riesgo, lo que ampliará la utilidad de esta terapia para curar enfermedades que ahora no es aconsejable tratar mediante este procedimiento. Esperemos que los ensayos tengan el éxito que todos esperamos.

18 de septiembre de 2016

TODOS LOS OBESOS SON ENFERMOS

Estudios cada vez más avanzados sobre la obesidad han desvelado que no todos los obesos son iguales

CONSIDERO QUE UNO de los objetivos más importantes de la Medicina es determinar quién está enfermo y quién no, y por tanto, qué es enfermedad y qué no lo es. Esto puede resultar chocante a algunos que piensan que en pleno siglo XXI la Medicina debería tener meridianamente claro qué condiciones suponen estar sano y cuáles estar enfermo. Sin embargo, esto no es así en numerosos casos, y quizá los más paradigmáticos de entre ellos sean las enfermedades mentales.

Las enfermedades mentales no son las únicas que aún están siendo debatidas para ajustar sus criterios de diagnóstico. La obesidad es otra condición humana hoy considerada enfermedad que antaño era tenida tal vez solo como castigo a la mera gula o glotonería. Hoy, la obesidad, de la que el mundo está sufriendo una pandemia que acabará por rebajar la esperanza de vida en numerosos países, es considerada una enfermedad metabólica, resultado de fallos genéticos y hormonales en el control del apetito y de la ingesta alimenticia.

Estudios cada vez más avanzados sobre la obesidad han desvelado, sin embargo, que no todos los obesos son iguales. Incluso algunos mantienen hoy que, entre los obesos, solo algunos son enfermos, pero otros no lo son. Estos formarían parte de un grupo algo particular: el de los "obesos sanos."

¿Qué diferencia a los obesos enfermos de los supuestos obesos sanos? Los estudios clínicos han demostrado que alrededor del 30% de todos los obesos muestran niveles normales de glucosa y de lípidos en sangre (cuando son medidos de la forma habitual, es decir, antes de tomar el desayuno) y mantienen también unos niveles normales de tensión sanguínea. Además, su nivel de respuesta a la insulina es igualmente normal, lo que no sucede con el resto de los obesos, que son resistentes a la acción de la insulina, por lo que sufren de diabetes de tipo dos en mayor o menor grado. Por último, los obesos supuestamente sanos almacenan menos grasa bajo la piel y en el abdomen, y poseen niveles en sangre más elevados de la hormona adiponectina, producida por el tejido adiposo e implicada en la regulación de los niveles de glucosa en el plasma sanguíneo. Este perfil metabólico es considerado sano, ya que es similar al mostrado por personas no obesas. Esto conllevaría que las personas obesas sanas no necesitarían de intervenciones sobre la dieta, ejercicio físico, etc. para normalizar su peso, ya que en su caso tal vez su peso normal sea un estado de supuesta obesidad que en realidad no es tal.

DIAGNÓSTICO AVANZADO

Lo anterior implicaría que para diagnosticar de obesidad en tanto que enfermedad no bastaría con determinar el peso y comprobar si este excede en niveles inaceptables a los parámetros normales. El diagnóstico de la obesidad necesitaría de pruebas clínicas más profundas y costosas para determinar estos otros parámetros de los que hemos hablado.

No obstante, también podemos encontrarnos con el problema contrario, es decir, que los obesos supuestamente sanos pudieran, no obstante, sufrir de otras anomalías metabólicas o fisiológicas aún no detectadas, y ser enfermos de todos modos, incluso si son enfermos diferentes de los otros obesos. Clasificarlos como sanos podría causarles un perjuicio, ya que les impediría tomar las medidas terapéuticas adecuadas para mitigar su enfermedad.

Sin duda, elucidar esta cuestión de la manera más consistente posible es importante, dados los cientos de millones de obesos con los que cuenta el mundo. Por esta razón, las investigaciones sobre la obesidad no dejan de engordar de una manera furibunda, lo que en este caso puede redundar en una mejor salud para todos.

Un grupo de investigadores del Instituto Karolinska de Estocolmo, en Suecia, decidió estudiar este asunto desde un punto de vista que nunca había sido explorado. Los investigadores sabían que la secreción de insulina y la respuesta de las células del tejido adiposo a esta hormona producen numerosos cambios en el funcionamiento de cientos de genes. Estos genes son necesarios para incorporar glucosa y lípidos desde el exterior y almacenarlos o metabolizarlos.

La pregunta que los científicos se hicieron fue si los cambios en el funcionamiento de los genes en las células adiposas causados por la hormona insulina serían diferentes en los obesos enfermos y en los obesos sanos, y en caso de serlo, si los cambios mostrados por estos últimos serían similares a los mostrados por personas sanas de peso normal[1]. Los investigadores sometieron a una infusión de insulina intravenosa por dos horas, (acompañada de glucosa para evitar una caída de los niveles de esta en el plasma) a 17 personas sanas de peso normal, a 21 obesos severos, pero sensibles a la insulina y supuestamente sanos, y a 30 obesos severos resistentes a la insulina y claramente enfermos. Tras esta infusión, los investigadores extrajeron muestras de grasa bajo la piel de estas personas, y las sometieron a un sofisticado análisis de secuenciación de ADN que específicamente revela los genes que se encuentran funcionando en las células adiposas.

Los resultados de este análisis son claros y desvelan que los cambios en el funcionamiento génico causados por la insulina en todos los obesos, sean sanos o enfermos, son similares, pero son diferentes de los cambios en el funcionamiento de los genes causados por la insulina en personas de peso normal. Esto querría decir que, a juzgar con el criterio del funcionamiento génico, todos los obesos estarían, de hecho, enfermos, lo que invalidaría la idea de una obesidad sana. Esperemos que estos nuevos conocimientos ayuden a tratar mejor la obesidad en el futuro a tantos millones de personas que lo necesitan.

25 de septiembre de 2016

1 Rydén et al., The Adipose Transcriptional Response to Insulin Is Determined by Obesity, Not Insulin Sensitivity, Cell Reports (2016), http://dx.doi.org/10.1016/j.celrep.2016.07.070

RESURRECCIÓN EN EQUIPO

Visto de este modo, los virus pueden estar vivos y muertos, aunque no al mismo tiempo

LOS VIRUS SON unos microorganismos que nunca han dejado de estar de moda en la era moderna. Desde el virus causante del SIDA, al de la gripe, al de la hepatitis C, al virus Zika... estos entes no han dejado de aparecer incluso en las portadas de los principales medios de comunicación desde hace varias décadas, debido a las graves enfermedades que causan y a las amenazas de severas epidemias que podrían desencadenar.

Como sabemos, los virus están formados por un pequeño fragmento de ácido nucleico, que puede ser ADN o ARN, el cual contiene la información genética, recubierto de proteínas que lo protegen formando una especie de caparazón, llamado cápside. El conjunto del material genético recubierto de proteínas se denomina virión. Desde el punto de vista de los constituyentes que lo forman, los virus son entes materiales inertes que no pueden reproducirse por sí mismos. Para su reproducción, necesitan introducir de alguna forma su material genético en el interior de una célula viva.

Por esta razón, todavía colea el debate de si los virus son seres vivos o no. Desde mi punto de vista, la cuestión tal vez esté planteada de manera demasiado limitada. En algunas ocasiones he mencionado que lo que separa la vida de lo que llamo no–vida es simplemente la bicapa lipídica que forma la membrana celular. Solo lo que se encuentra dentro de esta membrana puede estar vivo; lo que se encuentra fuera no lo está. De este modo, podemos considerar a los virus como entes muertos cuando están fuera de una célula, seres muertos que, no obstante, pueden volver a la vida si consiguen introducir su material genético en el interior de una membrana de la célula adecuada.

Así, los virus serían seres que para reproducirse necesitan morir (necesitan salir al exterior abandonando la célula que han utilizado para reproducirse en su interior), pero que muertos, flotando en el ámbito de la no–vida, cuentan con los componentes bioquímicos necesarios para volver a invadir el espacio vital localizado en el interior de una membrana celular. Visto de este modo, los virus pueden estar vivos y muertos, aunque no al mismo tiempo. Sin embargo, esto crea la confusión de cómo llamamos a un virus que no pueda reproducirse por haber sufrido mutaciones letales. Obviamente este virus está muerto, pero en realidad está más que muerto, está irreversiblemente muerto, inoperativo, porque no podrá volver a la vida.

VIDA Y MUERTE EN COMÚN

El problema de si los virus están vivos o muertos se complica aún más cuando analizamos la extraordinaria diversidad genética de estos microorganismos, que es superior a la de cualquier otro organismo vivo. Esta diversidad surge, por supuesto, también de la diversidad de células y especies animales o vegetales a los que los virus han debido adaptarse para poder reproducirse. Como es bien conocido, cualquier estrategia es válida durante la evolución si esta conduce a una mayor supervivencia y a una mayor probabilidad de transmitir los genes a las siguientes generaciones.

Entre estas estrategias, algunos virus de las plantas han encontrado una que resulta verdaderamente sorprendente. Se trata de la fragmentación, es decir, de separar el material genético de un virus en varios fragmentos, cada uno de ellos protegido por una cápside, es decir, formando viriones separados. Esta separación permite un mejor control del funcionamiento de los genes contenidos en cada fragmento durante la infección celular, pero hace que sea necesario que una célula sea infectada con todos los viriones al mismo tiempo para que el virus pueda reproducirse. En otras palabras, un solo virión podría infectar a una célula, pero no podría volver a la vida a menos que el resto de los viriones que en realidad forman este virus multiviriónico infecte a la misma célula. Sin duda tenemos aquí un claro ejemplo de trabajo en equipo a nivel molecular, un trabajo que, de tener éxito, consigue revivir a todos los viriones.

Por consiguiente, en el caso de virus multiviriónicos, no podemos afirmar que un solo virión que haya podido introducir su material genético en el interior de una célula esté por ello vivo de nuevo. En este caso, necesita que los otros compañeros infecten también a la célula para que la "resurrección" de todo el equipo de viriones suceda y el virus multiviriónico pueda reproducirse. Así pues, la cuestión de si un virus multivirionico está vivo o muerto es algo más compleja de responder, porque en este caso podemos tener algunos de sus componentes en el interior de una célula, pero sin que por ello estén aún vivos.

Hasta la fecha, lo anterior parecía ser solo una curiosidad científica pertinente solo a los virus de las plantas. Esto ha dejado de ser así gracias al trabajo de un numerosísimo grupo de científicos, dirigido por el Dr. Gustavo Palacios, del Instituto de Investigación Médica sobre enfermedades infecciosas dependiente del Ministerio de Defensa de los EE.UU[1]. Estos investigadores aíslan por primera vez a partir de mosquitos, que probablemente sirven de vehículo de transmisión, un nuevo virus de ARN, similar a los causantes de la gripe y el SIDA, formado por varios segmentos génicos cada uno de ellos empaquetado en una cápside diferente. No contentos con esto identifican también un virus multicomponente que infecta a monos colobos rojos. Estos descubrimientos amplían aún más la diversidad vírica conocida y suscitan nuevas preocupaciones sobre que la evolución de este nuevo tipo de virus pueda generar un día un nuevo virus, o conjunto de virus, que infecte al ser humano.

2 de octubre de 2016

1 Ladner et al., A Multicomponent Animal Virus Isolated from Mosquitoes, Cell Host & Microbe (2016), http://dx.doi.org/10.1016/j.chom.2016.07.011

BIOLOGÍA MOLECULAR DEL OPTIMISMO

A lo largo de la evolución, los seres humanos capaces de albergar falsas creencias deberían haberse extinguido

¿CREE USTED QUE lo que cree usted no puede ser estudiado por la ciencia porque forma parte de un mundo inmaterial? ¿Cree usted que sus creencias no están influidas por sus hormonas, por sus genes, y que solo dependen de su inteligencia y de su voluntad? Si es así, no siga leyendo, porque va a tener que dejar de creerlo.

Las creencias que albergamos, en particular las falsas, esas de las que todo el mundo tiene alguna, plantean un problema desde el punto de vista de la evolución del ser humano. Parece razonable suponer que las creencias verdaderas sobre la realidad favorecerían la supervivencia y la probabilidad de reproducción, mientras que las creencias falsas favorecerían lo contrario. Existen ejemplos extremos de creencias falsas que pueden conducirnos a una muerte inmediata, como creer que si saltamos por la ventana volaremos como Dumbo, solo con agitar las orejas.

En consecuencia, a lo largo de la evolución, los seres humanos capaces de albergar falsas creencias deberían haberse extinguido, o al menos estar muy limitados. Hoy solo deberían estar vivos aquellos que creen en una mayoría abrumadora de creencias verdaderas, fundadas en la razón y la evidencia adquirida sobre el mundo material y social. Sin embargo, nuestra experiencia cotidiana indica a las claras que esto no es lo que sucede, porque mientras usted suele estar en lo cierto, la gran mayoría del resto de los humanos está claramente equivocada. Y esta creencia es, además, verdadera para cada uno de nosotros, faltaría más.

La pervivencia de tantas ideas falsas entre nosotros, en todas las culturas, incluidas las más científicas, sugiere que lejos de ser un problema, las ideas falsas, al menos ciertas de ellas, podrían ser útiles para la supervivencia de nuestra especie. Algunos científicos y filósofos han estudiado este asunto, y han llegado a la conclusión de que las creencias falsas que pueden resultar útiles para la supervivencia son solo las ideas positivas, lo que yo llamo el "optimismo necesario".

Un problema adicional con este estado de cosas es que, si el optimismo necesario es positivo para la supervivencia y la evolución humanas, este debe depender, aun de manera indirecta y lejana, del funcionamiento de ciertos genes, ya que los genes son lo único que es transmitido de generación en generación y lo único que sustenta la evolución en biología. ¿Qué genes pueden ser estos?

La acción de estos genes, mediante las proteínas que produzcan, no debe limitarse a fijar creencias, sino también a actualizar muchas de ellas en el complejo y cambiante ambiente social en el que los humanos vivimos. Cambiar una idea verdadera negativa (voy a morir) por una falsa positiva (viviré eternamente) podría tal vez suponer alargar nuestra supervivencia en ese mundo cambiante.

OPTIMISMO HORMONAL

Este fenómeno de incremento sistemático del optimismo no es algo hipotético en absoluto, sino que está confirmado por numerosos estudios. Las personas (salvo algunos desgraciados científicos) tendemos a incorporar evidencias deseables, que refuerzan nuestras creencias, con mucha más facilidad que evidencias indeseables, que las contradicen. Así la actualización optimista de nuestras ideas parece ser un fenómeno que favorece nuestra adaptación social, lo que puede favorecer nuestra supervivencia.

Con esto, ya nos acercamos más a los posibles genes que podrían afectar a nuestras optimistas creencias. Resulta que una hormona muy implicada en nuestra interacción social es la oxitocina. Esta hormona, producida por el hipotálamo cerebral, está formada por la unión de solo ocho aminoácidos comunes, que también se encuentran en las proteínas, y muchas de sus acciones son mediadas por su unión a receptores particulares en la membrana de las neuronas, los cuales están también producidos por la actividad de ciertos genes.

Entre sus acciones se encuentran numerosos efectos sobre las capacidades sociales, tanto cognitivas como emocionales. Se ha comprobado que la administración intranasal de oxitocina aumenta la empatía, incrementa la exactitud en el reconocimiento de expresiones de alegría o felicidad, extiende el tiempo de mirada a los ojos, amplía el favoritismo hacia los nuestros y, en general, promueve comportamientos pro-sociales.

Por esta razón, un grupo de investigadores ha explorado la posibilidad de si la oxitocina no participaría en la actualización optimista de nuestras creencias[1]. Para ello administran oxitocina por vía intranasal a un grupo de personas, administran un placebo a otro grupo, y comparan lo que sucede cuando estas personas son presentadas con evidencia que apoya sus creencias o con evidencia que las contradice. El estudio se realiza en la modalidad llamada de doble-ciego, en la que ni los voluntarios ni los investigadores saben qué están administrando a qué personas hasta que obtienen los resultados, pero no antes. Se intenta evitar así el llamado sesgo del investigador, en el cual las expectativas optimistas de este pueden afectar a la obtención e interpretación de los resultados.

Los investigadores encuentran que la oxitocina aumenta el optimismo al facilitar la incorporación en el sistema de creencias de aquellas evidencias que refuerzan las positivas, y al hacer más difícil la incorporación en dicho sistema de aquellas evidencias negativas que las contradicen. Curiosamente, esta disminución del efecto de la evidencia negativa causada por la oxitocina es superior en las personas deprimidas y ansiosas, por lo que esta hormona podría ejercer un efecto positivo en ellas superior a lo normal.

Estos estudios, publicados en la prestigiosa revista *Proceedings*, nos dicen que nuestras creencias positivas pueden no depender tanto de nuestra razón y de la evidencia externa como de nuestro estado hormonal. Ya sé que es difícil de creer, pero es que somos muy optimistas.

9 de octubre de 2016

1 Yina Maa et al. (2016). Distinct oxytocin effects on belief updating in response to desirable and undesirable feedback. http://www.pnas.org/cgi/doi/10.1073/pnas.1604285113

UN MARRÓN SALUDABLE

Bien podríamos decir que los obesos envejecen más rápido que quienes no lo son

LA VERDAD ES que la epidemia de obesidad que sufrimos la ha liado parda en la ciencia, y cada semana aparecen nuevos descubrimientos que nos acercan a comprender mejor los complejos mecanismos metabólicos y moleculares que, de no funcionar bien, pueden desencadenarla en un mundo con sobreabundancia de alimentos. Es claro que, si no disponemos de suficiente alimento, no nos convertiremos en obesos por muy mal y mucho mal –que diría nuestro presidente en funciones– que funcionen los susodichos mecanismos. Como decía mi profesor de Bioquímica, Francisco Grande Covián: ¿Ha visto usted algún obeso en un campo de concentración? Hoy podríamos decir: ¿Ha visto usted algún obeso en un campo de refugiados?

Paradójicamente, se ha comprobado que, en general, una dieta baja en calorías aumenta significativamente la longevidad de los animales de laboratorio, desde el gusano al ratón. Además, la restricción calórica retrasa la aparición de enfermedades relacionadas con la edad, y mejora la salud metabólica. De hecho, la salud metabólica parece estar muy relacionada con el envejecimiento, el cual se acelera en condiciones de mala salud metabólica. Por ello, bien podríamos decir que los obesos envejecen más rápido que quienes no lo son.

Por supuesto, la obesidad está relacionada con el incremento del tejido adiposo, pero no de cualquier tejido adiposo, sino del llamado tejido adiposo blanco. Es este el encargado de almacenar en forma de grasa las calorías ingeridas en exceso. Este almacenamiento se realiza en células especializadas llamadas adipocitos blancos, los cuales poseen pocas mitocondrias, los orgánulos encargados de generar energía a partir de la oxidación de las grasas. Así, los adipocitos blancos no pueden quemar las grasas que almacenan, las cuales deben ser movilizadas a la sangre y enviadas a otras células que las pueden necesitar, como las musculares, por ejemplo, cuando nos movemos.

Afortunadamente, el tejido adiposo blanco no es el único. Contamos también con el llamado tejido adiposo marrón, el cual, a diferencia del blanco, no solo no está dedicado a almacenar grasas, sino precisamente a todo lo contrario: a quemarlas. Los adipocitos marrones que pueblan este tejido poseen numerosas mitocondrias, lo que debido a la cantidad de hierro que contienen, confieren ese color pardo al tejido. Los adipocitos marrones tienen también genes funcionando que producen proteínas las cuales permiten a las mitocondrias quemar las grasas para generar solo calor, es decir, no generan trabajo útil, como puede ser el movimiento muscular, sino que las grasas en este caso son solo quemadas para calentar, como podemos quemar combustible para mover un motor, o solo para la calefacción de nuestras casas.

MARRONEANDO LA GRASA

En algunos casos, puede producirse una pérdida de tejido adiposo marrón, y esta pérdida está relacionada con el desarrollo de la obesidad y de enfermedades metabólicas. En general, una pérdida de tejido adiposo marrón y una generación de tejido adiposo blanco se produce cuando se ingieren más calorías de las que se gastan, lo que resulta paradójico, ya que el exceso de calorías podría ser quemado en lugar de ser almacenado, pero no es así.

Afortunadamente, investigaciones recientes han demostrado que, en respuesta a determinadas condiciones, los adipocitos blancos pueden "marronearse" y convertirse en lo que se ha llamado adipocitos beige. Esta conversión de adipocito blanco a casi marrón permite una mayor quema de calorías y está asociada a una mejor respuesta a la insulina, es decir, protege del desarrollo de la diabetes, una enfermedad metabólica grave. La generación de tejido adiposo beige y marrón puede ser estimulada mediante exposición al frío y mediante la realización de ejercicio regular. Cuando esto se realiza en animales de laboratorio, estos se convierten en más delgados y sanos que los demás. Como en el caso anterior, tenemos aquí la paradoja de que el aumento de tejido adiposo marrón se produce cuando se gastan más calorías de las que se ingieren.

Estas paradojas han llevado a un grupo de investigadores de la Universidad de Ginebra, en Suiza, a estudiar si la restricción calórica no conduciría también a un paradójico incremento del tejido adiposo marrón a expensas del blanco, lo que no era conocido que pudiera suceder[1]. En efecto, en un conjunto de interesantes experimentos realizados con ratones de laboratorio, los investigadores demuestran que la restricción calórica incrementa su cantidad de tejido adiposo marrón.

Los investigadores estudian también por qué mecanismos celulares y moleculares se produce esta conversión. Aquí es cuando salta la sorpresa, porque estos mecanismos no involucran a hormonas ni cambios metabólicos, sino a las células del sistema inmune, en particular a las llamadas eosinófilos, muy involucradas en las reacciones alérgicas y en la lucha antiparasitaria.

En condiciones de restricción calórica, los eosinófilos secretan a la sangre una serie de las llamadas citocinas, que pueden considerarse como hormonas del sistema inmune. Estas citocinas de los eosinófilos actúan sobre los macrófagos, células bien conocidas por participar en la lucha antibacteriana "comiéndose" a las bacterias. Los macrófagos estimulados así con estas citocinas interaccionan con los adipocitos blancos e inducen su conversión a adipocitos beige o marrones.

Estos, para mí, sorprendentes descubrimientos vuelven a poner de manifiesto que el cuerpo humano y animal funciona de manera integrada y que sus células cumplen diferentes funciones en ocasiones aparentemente no relacionadas. En todo caso, estos estudios abren la puerta ahora a la posibilidad de generar adipocitos marrones y combatir la obesidad mediante la modulación del sistema inmune. ¡Asombroso!

16 de octubre de 2016

---

1 Fabbiano et al., Caloric Restriction Leads to Browning of White Adipose Tissue through Type 2 Immune Signaling, Cell Metabolism (2016), http://dx.doi.org/10.1016/j.cmet.2016.07.023

DIABÓLICA EVOLUCIÓN CONTRA EL CÁNCER

Debido a estos tumores la población de demonios de Tasmania ha disminuido significatlvamente

SI ALGO SABEMOS del cáncer es que no es una enfermedad contagiosa. Sin embargo, esto no es totalmente cierto. No se asuste. El cáncer no es contagioso en seres humanos, pero sí se han descubierto cánceres contagiosos en otras especies, como el perro, una especie de almeja de concha blanda y, sobre todo, en el demonio de Tasmania.

¿Cómo puede contagiarse el cáncer? Para entender esto, quizá ayude recordar que las células de un tumor pueden despegarse del mismo y emigrar a otros sitios distantes del organismo donde se establecen y forman metástasis. Si estas células que se despegan pudieran pasar a otro individuo y establecerse en él, el cáncer podría contagiarse.

Afortunadamente, esto es muy improbable que suceda. Además, en el caso de que sucediera, lo más probable es que las células tumorales sean eliminadas por el sistema inmune de la persona contagiada, por los mismos mecanismos celulares y moleculares que originan el rechazo de un trasplante no compatible. La única posibilidad de contagio más probable podría suceder tal vez entre hermanos gemelos idénticos, aunque en mi conocimiento tal contagio no se ha producido nunca

Los rechazos se producen debido a diferencias en las moléculas que marcan la identidad celular de cada cual, las llamadas moléculas del complejo mayor de histocompatibilidad, o MHC. Donantes y receptores de órganos con idénticas moléculas MHC son compatibles y muestran muchos menores problemas de rechazo (aunque siguen sufriendo de rechazo debido a otras razones).

Los mecanismos de rechazo actúan también para atacar a los tumores, ya que las mutaciones que han sufrido los marcan como si sus células fueran extrañas al organismo, por lo que deben ser rechazadas. Por esta razón, una de las maneras que los tumores utilizan para evitar ser eliminados es disminuir lo más posible la cantidad de moléculas MHC en la membrana de sus células. De esta manera pasan desapercibidas por el sistema inmune.

Esta situación aumenta las probabilidades de que una célula tumoral con bajos niveles de MHC pueda ser contagiosa. Además, si la especie en la que los tumores se producen posee baja diversidad genética, es decir, sus individuos están genéticamente relacionados, la probabilidad de contagio de tumores entre individuos aumenta, ya que muchos pueden ser compatibles entre sí.

TUMORES A MORDISCOS

Aun así, es necesaria una manera por la que las células puedan pasar de unos individuos a otros. Desgraciadamente, algunas especies muestran una elevada agresividad entre sus miembros, que se muerden entre sí con relativa frecuencia. Las mordeduras pueden facilitar el paso de células de unos miembros de la especie a otros. Una de estas especies es el demonio de Tasmania, un pequeño carnívoro marsupial que hoy solo se encuentra en la isla de Tasmania, al sureste de Australia.

Estos animales sufren de tumores faciales contagiosos, ya que las mordeduras entre ellos se producen sobre todo en el rostro. En 1996, se detectó un primer tipo de tumor contagioso, derivado de una célula tumoral procedente de una hembra. En 2014, se descubrió un segundo tipo de tumor, muy similar al primero, aunque diferente ya que deriva de una célula tumoral procedente de un macho.

Tras el contagio de un tumor por la mordedura de otro animal afectado, los animales mueren a los pocos meses. Esta situación está aumentando el ya elevado riesgo de extinción de esta especie única de marsupial, ya que debido a estos tumores la población de demonios de Tasmania ha disminuido significativamente.

Sin embargo, a lo largo de la evolución, otras especies han sufrido altos riesgos de incidencia de cáncer. Las ballenas y los elefantes, al irse convirtiendo en animales grandes y estar compuestos por tantas células, deberían hoy sufrir una elevada incidencia de cáncer. Sin embargo, esto no sucede. En estas especies, diversos genes se han ido seleccionando para disminuir la incidencia de aparición de tumores en la actualidad.

Por esta razón, una colaboración entre investigadores estadounidenses y australianos ha estudiado el genoma de los demonios de Tasmania en busca de signos de evolución hacia una mayor resistencia de contagio o de desarrollo tumoral en estos animales[1]. Los investigadores analizan los genomas, a partir de muestras de sangre o tejidos corporales, de 294 animales. Algunas de estas muestras proceden de animales que vivieron en una fecha anterior a 1996, cuando aparecieron los primeros tumores contagiosos, pero otras muestras proceden de animales vivos en la actualidad. La idea es comparar los genomas de unos y otros y analizar si, debido a la aparición de los tumores contagiosos, se ha producido algún cambio en la transmisión de genes de generación en generación. Los demonios de Tasmania viven solo unos cinco años, y los machos pueden engendrar hasta 16 camadas. Por tanto, en solo veinte años han trascurrido más de una decena de generaciones.

Los resultados de los análisis genómicos, realizados con tan solo un sexto del genoma total de estos animales, ya demuestran que, en tan solo veinte años, la frecuencia de transmisión de genes que pueden conferir resistencia al desarrollo del cáncer o facilitar su eliminación por el sistema inmune ha aumentado de manera clara. Los investigadores se proponen ahora utilizar células en cultivo modificadas de manera que los genes identificados funcionen a mayor intensidad para demostrar que, en efecto, al menos alguno de estos genes afecta al crecimiento tumoral.

Tenemos aquí otro claro ejemplo de evolución frente a nuestros propios ojos desvelado por la ciencia. En un mundo en el que un candidato a vicepresidente de los EE.UU. en el siglo XXI todavía niega la existencia de la evolución de las especies por motivos religiosos, tal vez estos estudios le hagan reflexionar... si llega a comprenderlos.

23 de octubre de 2016

1 B. Epstein et al., "Rapid evolutionary response to a transmissible cancer in Tasmanian devils," Nature Communications. http://www.nature.com/articles/ncomms12684.
http://jorlab.blogspot.com.es/2015/10/por-que-los-elefantes-no-tienen-cancer.html

DESPIERTAN ESPERANZAS PARA LA NARCOLEPSIA

Los pacientes de narcolepsia pueden caer dormidos repentinamente en

PUEDE PARECER UNA perogrullada, pero está claro que si desconocemos la causa o causas de una enfermedad es muy difícil prevenirla con eficacia. Por esta razón, una parte importante de la investigación en Medicina se dedica a estudiar las causas de las enfermedades. Y es que, en efecto, las causas primeras de algunas enfermedades siguen siendo desconocidas. Una de estas enfermedades era la narcolepsia.

La narcolepsia es una enfermedad neurológica crónica que conduce a una incapacidad para regular el ciclo de sueño y vigilia. Los pacientes de narcolepsia pueden caer dormidos repentinamente en cualquier momento del día, y pueden permanecer así desde pocos segundos hasta varios minutos. Además, en muchos casos estos episodios van acompañados de una extrema debilidad muscular (llamada cataplexia en lenguaje médico). Es obvio que, en estas condiciones, conducir un vehículo está claramente desaconsejado, ni siquiera sentándonos en un asiento de finos clavos, como un vulgar faquir, para evitar caer dormidos.

La incidencia de la narcolepsia no es tan baja como para apartarla como una enfermedad rara. Además, las consecuencias de la misma para propios y extraños pueden ser graves, incluso mortales. Por esta razón, desde que la enfermedad fue identificada, en la segunda mitad del siglo XIX, se ha ido investigando sobre sus causas, aunque la ciencia solo se ha acercado a ellas cuando los avances en biología molecular y celular lo han permitido, y solo en el siglo XXI se han establecido sus verdaderos desencadenantes.

Un primer avance para comprender estas causas se produjo más de un siglo después de que la narcolepsia fuera identificada, gracias al descubrimiento, en 1998, de un nuevo neuropéptido, es decir, una cadena corta de aminoácidos (en este caso de unos 30), producido de forma específica solo por ciertas neuronas. Este nuevo neuropéptido, descubierto de manera independiente por dos grupos de investigación, recibió los nombres de orexina e hipocretina (en adelante OH). La misión de este neuropéptido, que funciona de manera similar a una hormona, es la de regular el apetito y los ciclos de sueño y vigilia, puesto que cuando dormimos no solemos comer.

UNA CUESTIÓN DE MUERTE NEURONAL

El descubrimiento de la OH permitió descubrir a su vez que este neuropéptido era producido por solo unas decenas de miles de neuronas de la región cerebral llamada hipocampo, denominada así por su forma similar a la de un hipocampo, o caballito de mar. La generación de ratones carentes de este gen condujo también al descubrimiento de que la OH participaba en la regulación del apetito y su ausencia generaba obesidad. Al mismo tiempo, se comprobó que estos ratones también sufrían de episodios de sueño irregular y narcolepsia.

Curiosamente, muchos pacientes de narcolepsia eran también obesos, lo que condujo a analizar sus niveles de OH. Se comprobó así que estos eran mucho menores de lo normal. A partir de este momento, comenzó a sospecharse que la causa de la narcolepsia en humanos era una baja producción de OH, de manera similar a como la diabetes de tipo I se debe a una baja o nula producción de insulina.

Muy bien, pero ¿a qué se debía la baja producción de OH? Estudios posteriores demostraron que los pacientes con narcolepsia tenían muy reducido el número de neuronas productoras de OH. Por alguna razón estas, en particular, habían muerto, aunque otros tipos de neuronas no parecían afectadas.

De nuevo, esto todavía no revelaba la causa de la narcolepsia, porque se seguía sin saber por qué morían las neuronas productoras de OH. Nuevos estudios indicaron que una probable causa de su muerte podría ser el ataque del sistema inmune, que las eliminaría de forma selectiva, dejando intactas al resto de neuronas. De hecho, en el caso de la diabetes de tipo I mencionado, la ausencia de producción de insulina se debe a la muerte selectiva de las células del páncreas que la producen. Esta muerte está producida por un ataque del sistema inmune, que las identifica erróneamente como enemigos que es necesario erradicar.

Los estudios realizados con pacientes de narcolepsia revelaron que era más probable que estos hubieran heredado ciertas variantes de genes importantes para el funcionamiento del sistema inmune. Un fenómeno similar sucede igualmente en los pacientes de diabetes, por lo que este descubrimiento asociaba la presencia de ciertos genes a un posible ataque autoinmune a las neuronas que producen OH. Sin embargo, asociación no es una evidencia suficiente de causalidad. Para establecer la causalidad es necesario realizar experimentos, al menos en animales, en los que se induzca un ataque autoinmune a esas neuronas para comprobar si este conduce a la aparición de narcolepsia.

Esto es lo que llevan a cabo un grupo de investigadores de las universidades de Viena, Toulouse y Montpellier[1]. Por medios genéticos, los investigadores introducen en los ratones un gen extraño que solo va a funcionar en las neuronas que producen OH y no en ninguna otra célula del organismo. La proteína extraña producida a su vez por este gen puede servir ahora de blanco de ataque a células del sistema inmune.

Los investigadores inmunizan contra la proteína extraña a ratones normales, (genéticamente idénticos a los anteriores, pero sin la modificación realizada con el gen extraño) y, tras la inmunización, les extraen diferentes tipos de células del sistema inmune y se las inyectan a los ratones con la proteína extraña.

Los científicos comprueban que solo cuando inyectan células "asesinas", los llamados linfocitos T citotóxicos, las neuronas OH son eliminadas, tras lo que se produce la narcolepsia. Queda pues así establecido que al menos una causa de la narcolepsia es el ataque autoinmune a las neuronas productoras de OH.

Este nuevo descubrimiento puede ahora ayudar aprevenir el desarrollo de la narcolepsia en aquellas personas genéticamente susceptibles, mediante la regulación de la actividad de su sistema inmune. No será fácil, pero es que antes de saber esto, era imposible.

30 de octubre de 2016

---

1 Raphaël Bernard-Valneta et al. (2016) CD8 T cell-mediated killing of orexinergic neurons induces a narcolepsy-like phenotype in mice. http://www.pnas.org/cgi/doi/10.1073/pnas.1603325113

BACTERIAS POR LA TOLERANCIA

Es probable que las propias bacterias sean en parte responsables de mantener la integridad intestinal

LA SEMANA PASADA hablábamos de nuevos descubrimientos que apuntaban a la autoinmunidad como causa de la enfermedad de la narcolepsia. La autoinmunidad es una pérdida de la tolerancia a lo propio, es decir, a moléculas de nuestras propias células que, en un momento dado, por diversas razones, son identificadas como extrañas, por lo que su presencia deja de ser tolerada por el sistema inmune, que las ataca. Sin embargo, nuestras células no son las únicas interesadas en ser toleradas por el sistema inmune.

Como sabemos, nuestros intestinos están poblados por cientos de especies bacterianas que viven en simbiosis con nosotros. Estas bacterias pueblan un entorno de ensueño para ellas, ya que viven en un lugar donde la temperatura es paradisiaca, y donde, cada pocas horas, "llueve" un abundante maná de alimentos y líquidos nutritivos.

Estas bacterias nos ayudan a digerir determinados alimentos y producen algunas vitaminas que son importantes para nosotros, pero siguen siendo bacterias y, si son identificadas por el sistema inmune, serán atacadas. Por esta razón, las bacterias intestinales, durante su evolución con nosotros, han debido desarrollar estrategias moleculares para aumentar la tolerancia del sistema inmune y evitar así que este las ataque.

Esta tolerancia es fundamental para nuestra salud. La identificación de las bacterias intestinales como extrañas y la activación subsiguiente del sistema inmune, puede conducir a la enfermedad inflamatoria intestinal, una enfermedad crónica caracterizada por una inadecuada respuesta del sistema inmune frente a la flora intestinal, enfermedad que acaba por dañar la integridad del intestino. Es probable que las propias bacterias sean en parte responsables de mantener la integridad intestinal para evitar que el sistema inmune pueda atacarlas.

En efecto, se han identificado especies bacterianas que participan en mantener los niveles adecuados de tolerancia no solo frente a ellas, sino frente a otras especies de bacterias. Una de estas especies es *Enterococcus faecium*, una bacteria que ha sido incluso usada como agente probiótico, es decir, como un microrganismo que promueve la salud.

Aunque parece clara la capacidad de *E. faecium* para atenuar la susceptibilidad a bacterias intestinales patógenas, como *Salmonella*, causante de la salmonelosis, lo que no era conocido hasta ahora era por qué mecanismos moleculares *E. faecium* puede atenuar la actividad patógena de otras bacterias menos amigables que ella. El descubrimiento de estos mecanismos tal vez pudiera conducir a la identificación de nuevas moléculas que podrían ser utilizadas para tratar las enfermedades intestinales causadas por bacterias.

MANTENIENDO LA INTEGRIDAD

Para intentar averiguar estos mecanismos, un grupo de investigadores de la Universidad de Rockefeller, en Nueva York, realizan una serie de experimentos[1]. En primer lugar, dejan que *E. faecium* colonice el intestino de algunos gusanos de laboratorio *C. elegans*. Una vez producida la colonización, infectan con Salmonella a estos gusanos y a otros que no han sido colonizados con *E. faecium*, o que lo han sido con una bacteria no probiótica, y estudian su supervivencia. Los científicos comprueban que los gusanos cuyos intestinos han sido colonizados por *E. faecium*, y solo estos, sobreviven mejor a la infección con *Salmonella*.

La protección que ofrece *E. faecium* frente a *Salmonella* podría ser debida simplemente a que, en presencia de esta bacteria, Salmonella no podría establecerse en el intestino de estos gusanos, tal vez por falta de sitio, al estar este ocupado por *E. faecium*. Por esta razón, los investigadores estudian si la infección con *Salmonella* conduce o no a la implantación de esta bacteria en el intestino de los gusanos. Los estudios que realizan confirman que tanto si el intestino está colonizado por *E. faecium* como si

1 Kavita J. Rangan et al. (2016). A secreted bacterial peptidoglycan hydrolase enhances tolerance to enteric pathogens. 23 SEPTEMBER 2016 • VOL 353 ISSUE 6306, pp 1434. http://science.sciencemag.org/content/353/6306/1434

no, *Salmonella* se implanta de manera similar en el intestino de los gusanos, por lo que *E. faecium* debe proteger frente a esta infección por procesos que no impiden que Salmonella se implante en el intestino.

¿Protege *E. faecium* solo frente a *Salmonella* o también frente a otras especies de bacterias patógenas? En otros estudios, los científicos demuestran que el papel protector de *E. faecium* se extiende también a otras especies de bacterias. Esto sugería que tal vez *E. faecium* produjera una sustancia con capacidad protectora frente a numerosas bacterias. En otra serie de experimentos, los investigadores identifican una sustancia liberada al exterior por *E. faecium*. Esta sustancia pertenece a la familia de los péptidoglicanos, que son combinaciones de cortas cadenas de aminoácidos y azúcares, muy comunes en la pared de las bacterias.

Los investigadores son capaces de aislar y purificar esta sustancia y tratar con ella a los gusanos de laboratorio infectados con *Salmonella* para estudiar sus capacidades protectoras frente a la infección. Comprueban así que esta sustancia protege frente a la infección con *Salmonella* y lo hace mediante su capacidad de mantener la integridad de la barrera epitelial del intestino, lo que impide a *Salmonella* penetrar al interior del organismo y ser detectada por el sistema inmune. Por último, los investigadores comprueban que esta sustancia también es capaz de proteger a ratones de laboratorio frente a la infección intestinal de *Salmonella*.

Estos estudios indican que algunas bacterias han aprendido a convivir con nosotros ayudando a mantener intacta la barrera intestinal que las separa del resto del organismo y, en particular, del sistema inmune que puede atacarlas. Las sustancias que producen para este fin podrán tal vez ser utilizadas para tratar enfermedades intestinales relacionadas con la pérdida de integridad del epitelio intestinal que conduce a la activación del sistema inmune.

6 de noviembre de 2016

MOSCAS LADRONAS Y FLORES MENTIROSAS

Las moscas se apoderan de parte de la comida duramente obtenida por las arañas con su trabajo tejedor

EXPLORANDO CADA SEMANA el mundo de la ciencia uno se encuentra con hechos sorprendentes, casi inimaginables. Así, me entero leyendo una reciente publicación de la revista *Current Biology*, una de las más prestigiosas de esta área de la ciencia, de que ciertas especies de moscas parecen vivir peligrosamente. El peligro que corren puede ser incluso superior al de morir aplastadas por un matamoscas, o a perecer envenenadas por un spray de insecticida. Y es que resulta que estas moscas se atreven a robar comida nada menos que a las arañas.

Así es, ciertas especies de moscas pertenecen a la familia de insectos denominada cleptoparásitos. Como el prefijo "clepto", derivado del griego, indica, estas moscas roban. En este caso, las moscas se apoderan de parte de la comida duramente obtenida por ciertas especies de arañas con su trabajo tejedor de trampas mortales para insectos voladores.

Algunas especies de arañas se alimentan preferentemente de abejas, por lo que tejen sus telas cerca de colmenas o lugares por donde estas abundan. Cuando una abeja cae en la red de estas arañas, la pobre obrera, inmovilizada y sin mucho que pueda hacer para salvar su vida, extrae el aguijón y expulsa una gota de veneno. Algunos compuestos químicos de este veneno son volátiles y atraen de manera poderosa a otras abejas que podrían acudir en su ayuda. Sin embargo, estas sustancias atraen también potentemente a las moscas cleptoparásitas. Estas no acuden para proporcionar un sabroso plato adicional a las arañas, sino que, de manera muy hábil, son capaces de absorber parte de los fluidos que rezuman de la abeja capturada, cuando esta comienza a ser digerida por los líquidos enzimáticos regurgitados por la araña sobre su presa, inmovilizada por la red y el veneno que la araña le ha inyectado.

Esta fascinante historia en la que las moscas se aprovechan de las arañas, y no al revés, cuenta además con otro extraordinario personaje. Se trata de plantas del género *Ceropegia*, que dependen para su reproducción de la polinización efectuada por moscas de especies cleptoparásitas. Estas plantas desarrollan flores bastante curiosas que contienen una trampa temporal para las moscas atraídas por ellas. Una vez atrapadas dentro de la flor, los insectos son retenidos en esta trampa y en sus intentos por escapar se adhieren a ellos las llamadas polinia, las estructuras que poseen el polen de estas flores. Cuando finalmente logran escapar, transportan el polen a otras plantas por las que, de nuevo, las pobres moscas sienten una irresistible atracción. De este modo, las moscas son utilizadas por las plantas para asegurar su reproducción.

Podemos estar tentados a pensar que las moscas son atraídas por estas flores de la manera habitual, gracias a sus brillantes colores y a su perfume embriagador. Sin embargo, no olvidemos que estas moscas no se alimentan de néctar, sino de abejas muertas medio digeridas por los fluidos enzimáticos de las arañas que las han capturado. No es un panorama demasiado poético.

CURIOSOS OLORES

Ante este estado de cosas, un grupo internacional de investigadores se pregunta si las flores de las plantas *Ceropegia* no emitirán olores semejantes a los que emiten las abejas cuando han sido capturadas en una tela de araña, en particular, si no emitirán olores similares a los generados por los compuestos volátiles presentes en el veneno que libera la abeja cuando está cerca de su muerte[1]. Los investigadores estaban interesados en estudiar varios aspectos de este tema. En primer lugar, deseaban confirmar si los insectos que visitan las flores de *Ceropegia* son cleptoparásitos o si las flores reciben también visitas de otras clases de insectos. En segundo lugar, deseaban comparar el olor de las flores de *Ceropegia* con el de los efluvios emitidos por presas capturadas por las arañas. En tercer lugar, si los olores fueran similares, deseaban identificar por métodos químicos los principales

1 Heiduk et al., Ceropegia sandersonii Mimics Attacked Honeybees to Attract Kleptoparasitic Flies for Pollination, Current Biology (2016), http://www.cell.com/current-biology/fulltext/S0960-9822(16)30879-X

componentes volátiles que pudieran atraer a los insectos. Por último, una vez identificados estos componentes, la intención de los científicos era sintetizarlos o aislarlos y probar su efecto para atraer a los insectos.

Los investigadores confirman que las especies de moscas que más frecuentemente visitan las flores de *Ceropegia* son cleptoparásitas. En particular, son las hembras de estos insectos, las cuales necesitan nutrientes sustraídos a las presas de las arañas para la generación de huevos, las que más acuden a estas flores.

Los análisis de los compuestos volátiles emitidos por las flores revelaron que estos eran similares a los liberados por abejas europeas o sudafricanas cuando eran atacadas o atrapadas. Entre los múltiples componentes volátiles emitidos por flores y abejas, los científicos identificaron en concreto cuatro que, mezclados, fueron capaces de atraer poderosamente a las moscas cleptoparásitas. Sorprendentemente, uno de estos compuestos es el geraniol, un componente de los aceites esenciales de rosas y citronelas, de la familia química de los alcoholes, y que también se encuentra en menor cantidad en los geranios, de los que deriva su nombre.

Tenemos aquí otra fascinante historia de los extraordinarios comportamientos que plantas y animales han desarrollado a lo largo de su coevolución. Algunas especies de arañas han "aprendido" a fabricar trampas para atrapar moscas y otros insectos; algunas especies de moscas han aprendido a aprovecharse de parte de los nutrientes de las presas capturadas por las arañas, y finalmente, algunas especies de plantas han aprendido a engañar a las moscas haciéndoles creer que en sus flores se encuentra una sabrosa comida y son así utilizadas como vehículos de su preciado polen que les permitirá reproducirse. Ya lo dice el refrán: el que no corre, vuela.

13 de noviembre de 2016

compuestos volátiles que pueden atraer a los insectos. Por último, una vez identificados estos componentes, la atracción de los [illegible] sintetizados o aislados [illegible] probarse [illegible] para atraer a los insectos.

Los investigadores confirmaron que [illegible] [illegible] [illegible] [illegible] en particular, [illegible] los cuales [illegible] [illegible] [illegible] más atraían a estas [illegible].

Los [illegible] [illegible] que [illegible] [illegible] a los [illegible] [illegible] [illegible], entre los [illegible] [illegible] volátiles [illegible] por [illegible] y [illegible] [illegible] [illegible] que [illegible] [illegible] [illegible] las [illegible] [illegible] [illegible] de estos [illegible] [illegible] [illegible] [illegible] de los aceites esenciales de [illegible], de la familia [illegible] de las labiadas, y que también se encuentra [illegible] [illegible] [illegible] que [illegible] [illegible].

[illegible] [illegible] que plantas y [illegible], y [illegible] algunas especies de plantas [illegible] [illegible] [illegible] [illegible] que en sus flores se [illegible] [illegible] [illegible] [illegible] [illegible] [illegible] [illegible] [illegible] [illegible] [illegible] [illegible] [illegible].

UNA CÓSMICA LOCURA

Partículas tan energéticas como los rayos cósmicos podrían sin duda atravesar los huesos del cráneo y dañar a las neuronas

NO SON INFRECUENTES las películas o relatos de ciencia-ficción en donde los protagonistas acaban volviéndose locos. La soledad del espacio y la falta de estímulos normalmente encontrados en la Tierra acaban por hacer mella en las mentes de los pobres astronautas.

Claro que si nos trasladamos del mundo de la ciencia-ficción al de la realidad, tal vez muchos consideren una locura enviar una nave tripulada a Marte. La locura se habría producido ya antes de salir de la Tierra. Otros, en cambio, defienden que el progreso de la Humanidad ha sido debido a la locura de unos cuantos soñadores.

Mientras algunos debaten este tema, la investigación acerca de los potenciales efectos sobre los seres humanos del largo viaje espacial a Marte continúa, porque lo que sin duda sí resultaría una completa locura sería embarcarse en una aventura de semejante amplitud sin haber evaluado sus riesgos lo mejor posible, e intentado idear soluciones para minimizarlos, ya que eliminarlos es imposible.

Investigadores de la Universidad de California han explorado recientemente un fenómeno que se sospecha pueda suceder durante un largo viaje espacial: el llamado "cerebro espacial". Se trata de la posibilidad de que, lejos de la protección del campo magnético terrestre, las partículas altamente energéticas que constituyen los rayos cósmicos y el viento solar puedan dañar al cerebro y causar problemas cognitivos graves que impedirían tal vez a los astronautas realizar las complejas y sofisticadas tareas necesarias para el éxito de la misión.

Recordemos que los rayos cósmicos y el viento solar están formados por partículas elementales cargadas y partículas alfa (núcleos de helio) emitidas a altas velocidades por el Sol y las estrellas. Estas partículas son similares a las partículas radiactivas emitidas en las reacciones nucleares, lo que no es de extrañar cuando consideramos que las estrellas son también poderosísimos reactores nucleares. Sin embargo, la energía que poseen, en general, es muy superior a la energía de las partículas radiactivas producidas en la Tierra.

Por consiguiente, los rayos cósmicos tienen un alto poder de penetración y son capaces de comunicar su energía cuando colisionan con otras partículas. Un fenómeno espectacular en el que se puede observar esta transferencia de energía a simple vista lo constituyen las auroras australes y boreales. Desviadas en su trayectoria por el campo magnético de la Tierra, las partículas de rayos cósmicos se concentran en los polos magnéticos del planeta, donde al colisionar con las moléculas de aire atmosférico, les transfieren parte de su energía, la cual finalmente es transformada en luz de diferentes colores, aunque predomina el verde.

DAÑO NEURONAL

Partículas tan energéticas como los rayos cósmicos podrían sin duda atravesar los huesos del cráneo y dañar a las neuronas, causándoles mutaciones génicas que podrían afectar a su comportamiento y a su supervivencia. Esto podría conducir a diversas complicaciones neurológicas y cognitivas, entre las que se encuentran la pérdida de memoria y de habilidades intelectuales, desorientación, depresión, ansiedad, y dificultades en la toma de decisiones.

Para estudiar la probabilidad de que esto suceda en un largo trayecto espacial, los investigadores exponen a ratones de laboratorio a partículas ionizantes similares a las de los rayos cósmicos y viento solar por un tiempo equivalente al que supondría un viaje a Marte para la vida de estos animales[1]. Los hallazgos, publicados en la revista Scientific Reports, no son buenas noticias para los esforzados astronautas que se aventuren a viajar hasta Marte, incluso si son tan valientes como para no desear volver a la Tierra. Seis meses tras la exposición de los ratones a las partículas energéticas, los cerebros de estos animales aún mostraban signos de inflamación, es decir,

1 Referencia: Vipan K. Parihar et al. Cosmic radiation exposure and persistent cognitive dysfunction. Scientific Reports 6, Article number: 34774 (2016). http://www.nature.com/articles/srep34774

de una respuesta inmunitaria probablemente inducida por células cerebrales dañadas o muertas que deben ser eliminadas.

Los cerebros de los ratones fueron también analizados mediante técnicas de imagen cerebral, las cuales revelaron que sus neuronas mostraban menos dendritas que las neuronas de ratones que no habían sido expuestos a radiaciones. Un menor número de dendritas, supone un menor número de conexiones entre las neuronas, y recordemos que es en la estructura y funcionamiento de estas conexiones donde residen las capacidades cognitivas, incluida la memoria.

De hecho, pruebas cognitivas realizadas a estos ratones revelaron que, en efecto, poseían capacidades inferiores a los ratones no expuestos a radiaciones, tanto en lo que se refiere a memoria de lo ya aprendido, como a su capacidad de aprendizaje. Además, los investigadores descubren que una de las capacidades cognitivas más afectadas por la exposición a las partículas energéticas es la capacidad de extinguir el miedo. Esta capacidad permite a animales y humanos olvidar el miedo que algo ha podido causarnos y poder volver a atrevernos a realizar la actividad que lo originó. De este modo, las personas pueden volver a disfrutar de un baño y de la natación incluso cuando en el pasado pudieron estar a punto de morir ahogadas.

Ni que decir tiene que, en el espacio exterior, la capacidad de extinguir el miedo puede ser absolutamente necesaria para permitir el funcionamiento normal a cualquier persona en un entorno tan estresante. La incapacidad para extinguir el miedo puede conducir a un aumento progresivo de la ansiedad, lo que puede ser muy problemático en un viaje a Marte, de alrededor de tres años de duración.

Estos estudios indican que, si la Humanidad cuenta tal vez con la tecnología mecánica y electrónica para poner un pie en la superficie de Marte, probablemente carezca todavía de la tecnología médica y biológica necesaria para impedir que los astronautas que se atrevan a esa loca aventura pierdan la cabeza, esta vez no en sentido figurado, sino en la negra realidad del espacio exterior.

20 de noviembre de 2016

VEJEZ POR ESTRÉS

Una corta longitud media de los telómeros está asociada con la aparición de enfermedades propias del envejecimiento

UN TEMA QUE me parece interesante es el del envejecimiento diferencial. Resulta que no todos nuestros órganos parecen envejecer a la misma velocidad, y algunos, por la razón que sea, envejecen antes que otros. Evidentemente, nuestra longevidad como individuos depende de la viabilidad de nuestro órgano vital más envejecido. Cuando este es demasiado viejo para funcionar correctamente, sobreviene la muerte.

La edad de las células que forman los diferentes órganos de un organismo, en principio, debería ser la misma, puesto que todas derivan de una célula primordial: el óvulo fecundado. Sin embargo, cuando medimos la edad de las células por métodos moleculares, se comprueba que no todas las células del organismo tienen la misma. Por ejemplo, las células del sistema inmune pueden contar con una mayor edad molecular, dependiendo de las infecciones que el organismo haya tenido que vencer.

Una forma de evaluar la edad de las células es medir la longitud de los telómeros de sus cromosomas. Los telómeros (palabra derivada del griego que significa "parte al final") se localizan en los extremos de los cromosomas y están constituidos por varias repeticiones de las "letras" TTAGGG. Estas repeticiones son necesarias para mantener la integridad de los cromosomas, que incluso pueden fusionarse unos con otros si los telómeros son demasiado cortos.

Debido a cómo se desarrolla el proceso de replicación del ADN, cuando una célula se reproduce y debe duplicar por ello los cromosomas, los telómeros se acortan, es decir, reducen el número de sus repeticiones. De este modo, si medimos la longitud media de los telómeros de una población celular, podemos estimar la cantidad de divisiones experimentadas por las células –la cual está relacionada con su edad real– y compararla con la de otras células del organismo o con la de células del mismo órgano procedentes de diferentes personas nacidas alrededor de una misma fecha, lo que también nos dará una idea comparativa de la verdadera edad de las personas, de manera independiente a la de su fecha de nacimiento.

ACORTAMIENTO INQUIETANTE

Varios estudios realizados con animales de laboratorio han revelado que una corta longitud media de los telómeros está asociada con la aparición de enfermedades propias del envejecimiento. Otros estudios, realizados esta vez con seres humanos, han revelado igualmente que telómeros más cortos en los leucocitos del sistema inmune están asociados con un riesgo un 40% superior de desarrollar enfermedades cardiovasculares. Investigaciones recientes han revelado también una asociación entre una corta longitud de los telómeros y el riesgo de desarrollar diabetes o cáncer. En aún otro estudio, realizado con 60.000 personas, se ha revelado que la longitud de los telómeros, determinada a partir de células inmunes contenidas en la saliva, está asociada con la mortalidad general. Por último, otra investigación reciente realizada con 80.000 personas, donde se estudia no la longitud de los telómeros directamente, sino siete genes que participan en el mantenimiento de estas estructuras, indica que aquellos con variantes génicas que lo afectan negativamente sufren de una mayor incidencia de enfermedad cardiovascular, pulmonar y de la enfermedad de Alzheimer.

Los estudios anteriores indican que diferentes personas, a pesar de nacer con telómeros de longitud similar, ven la longitud de los mismos modificada de manera diferente a lo largo de sus vidas. Cabe preguntarse cuál puede ser la causa. Para encontrarla, algunos investigadores han estudiado si la longitud de los telómeros a una determinada edad no sería un rasgo genéticamente determinado. Lo que han encontrado es que, aunque los genes sí participan en la longitud de estas estructuras, estos no pueden explicar todas las diferencias.

Si los genes no pueden explicarlo todo, no queda más remedio que apelar a las condiciones de vida y los avatares de la misma para intentar encontrar la causa de las diferencias de longitud en los telómeros entre diferentes personas. De hecho, es ya conocido que sufrir adversidades puede afectar negativamente la función del sistema inmune y acelerar su envejecimiento. Por otra parte, es también conocido que niños que se desarrollan en los entornos más desfavorables ya poseen telómeros un 40% más cortos que niños que lo hacen en ambientes más favorecidos. Los factores socioeconómicos parecen ser los que más influencia ejercen en este acortamiento. Sin embargo, este estudio fue solo realizado con cuarenta niños, un número insuficiente para extraer conclusiones fiables.

Ahora, investigadores de varias universidades canadienses y estadounidenses estudian el efecto acumulado de factores negativos a lo largo de la vida en 4.598 personas jubiladas, las cuales han sufrido avatares en su vida, pero, evidentemente, no tan graves que les hayan llegado a causar la muerte[1]. Estas adversidades incluían tanto algunas propias de la infancia (padres drogadictos, o sin trabajo, o abuso físico, por ejemplo), como otras propias de la edad adulta, como la muerte de un hijo o de la pareja.

Los investigadores encuentran una relación clara entre las adversidades de la vida y una menor longitud de los telómeros, siendo más importantes los efectos de las adversidades sufridas en la infancia. Cada adversidad de la vida en la infancia afectaba en un 11% a la probabilidad de tener telómeros más cortos de lo normal, sobre todo si se trataba de una adversidad afectiva o social.

Así pues, este estudio confirma los estudios anteriores, en particular el realizado con niños desfavorecidos, e indica que las adversidades sufridas en la infancia proyectan una larga sombra sobre el envejecimiento celular a lo largo de la vida. Los niños son el futuro, pero este depende en gran medida del presente que les proporcionemos.

27 de noviembre de 2016

1 Eli Puterman, et al. Lifespan adversity and later adulthood telomere length in the nationally representative US Health and Retirement Study. http://www.pnas.org/cgi/doi/10.1073/pnas.1525602113

PARA LLORAR Y NO ECHAR GOTA

Una sola "letra" del ADN puede separar una vida normal de una vida de automutilaciones y horror

AÚN RECUERDO CUANDO aprendí mi primera enfermedad genética, o al menos la que más me impactó de las que se describían en la asignatura de Bioquímica, en cuarto curso de licenciatura, allá por 1980, impartida por el profesor Francisco Grande Covián. Se trata del llamado síndrome de Lesch-Nyham, causado por un defecto en el gen que produce el enzima con el bonito, aunque larguísimo y complicado, nombre de hipoxantina-guanina fosforribosiltransferasa (HPGRT).

Esta rara enfermedad genética (solo 1 caso cada 380.000 nacimientos) se origina porque la falta del enzima mencionado, o su mal funcionamiento, genera un defecto en el metabolismo de los ácidos nucleicos que, entre otras cosas, conduce a una acumulación de ácido úrico en la sangre y los órganos. Además de causar gota y problemas renales, ya en el primer año de vida, la acumulación de ácido úrico también produce complicaciones neurológicas. Estas conducen a problemas de comportamiento severo con solo dos años de edad, los cuales incluyen autoagresiones y automutilaciones, en particular por morderse con fuerza labios y dedos. La mayoría de las personas con esta enfermedad acarrean serios problemas mentales y físicos durante toda su normalmente corta vida. Esta enfermedad genética sigue sin tener cura, aunque algunos tratamientos logran aliviarla.

Los síntomas de este síndrome son impactantes, pero lo más impactante para mí resultó aprender que todos estos problemas pueden derivarse de un solo cambio de una única "letra" en el ADN del gen que produce el enzima HPGRT. Una sola "letra" del ADN puede separar una vida normal de una vida de automutilaciones y horror. Y una sola letra, no ya una sola palabra, bastará para sanarnos. Disculpe mis escalofríos.

Los incansables avances en biología molecular y biomedicina han permitido descubrir nuevas e insospechadas enfermedades genéticas raras. La última de que tengo noticia, la última que, de momento, he aprendido, es la deficiencia en el gen llamado NGLY1. Este gen, como en el caso anterior, también produce un enzima. En esta ocasión, la reacción química facilitada (catalizada) por el mismo no involucra a los ácidos nucleicos, sino a las proteínas una vez se han formado. Muchas proteínas, para que adquieran la forma tridimensional adecuada que les permita desempeñar su función en el interior de la célula, necesitan unir en su superficie ciertos hidratos de carbono, también llamados glúcidos. Al mismo tiempo, cuando las proteínas están dañadas o se han formado mal, es necesario eliminar los glúcidos que previamente se hayan unido a ellas y reciclarlos. Y bien una de estas reacciones químicas que permiten eliminar los hidratos de carbono unidos a las proteínas está catalizada por el enzima generado por el gen NGLY1.

LLOROS SIN LÁGRIMAS

Hace alrededor de cuatro años se identificaron los primeros niños afectados de esta enfermedad. Los síntomas que muestran incluyen problemas de desarrollo cognitivo y motor, bajo tono muscular, mal funcionamiento del hígado y una notable falta de lágrimas. Los niños lloran, pero no derraman ni una gota.

La secuenciación del genoma de ocho niños con síntomas similares logró determinar que, como hemos dicho, esta enfermedad radicaba en mutaciones del gen NGLY1. La ausencia del enzima generado por este gen impedía el correcto reciclaje de las proteínas y también de los hidratos de carbono unidos a ellas para su reutilización en otras proteínas nuevas. Esta falta de reciclaje podría ser, al menos en parte, la responsable de los síntomas.

Uno de los azúcares fundamentales para la unión de glúcidos a las proteínas es el llamado N-acetil glucosamina, un derivado de la glucosa. La unión de hidratos de carbono a las proteínas para conseguir su completa funcionalidad depende de que la célula cuente con cantidades suficientes de este azúcar. Por esta razón, la falta de reciclaje adecuado de los hidratos de carbono en las personas que carecen de un gen NGLY1 normal podría conducir a una falta de N-acetil glucosamina celular. La falta de este azúcar tan importante podría contribuir, por tanto, a los síntomas de la enfermedad, en cuyo caso, una dieta enriquecida en N-acetil glucosamina podría ser útil para mitigar los síntomas.

Para comprobar si esta posibilidad era o no cierta, investigadores de la Universidad de Cornell, en los EE.UU., generan moscas de laboratorio mutantes en el gen NGLY1, que también se encuentra en estos organismos[1]. Los investigadores comprueban que las moscas mutadas en este gen también están enfermas y, de hecho, solo llegan a la edad adulta un 18% de ellas.

A continuación, los investigadores suplementan el alimento normal de las moscas con N-acetil glucosamina. En estas condiciones, los investigadores comprueban que hasta un 70% de las moscas alcanzan la edad adulta, lo que supone haber multiplicado casi por cuatro el nivel de supervivencia de estos organismos.

Estos estudios apuntan a que una suplementación de la dieta de los niños afectados de deficiencia de NGLY1, de los que en la actualidad se han identificado solo sesenta en todo el mundo, podría ayudarles a mejorar los síntomas. No sería la primera vez que una enfermedad genética que afecta al funcionamiento de un enzima puede mitigarse mediante intervenciones en la alimentación. Sin embargo, los investigadores, con buen sentido, advierten que los niños no son moscas y que es posible que, aunque la suplementación alimenticia con N-acetil glucosamina no genere problemas de toxicidad o efectos secundarios graves, deba ser utilizada con prudencia en los niños afectados, junto con un seguimiento médico continuado. En todo caso, es una dulce esperanza la que estos estudios han abierto para la vida de estos niños afectados por esta rara enfermedad.

4 de diciembre de 2016

---

1 Chow C et al. (2016 Oct 20). Abstract: Diet rescues lethality in a model of NGLY1 deficiency, a rare deglycosylation disorder. Presented at the American Society of Human Genetics 2016 Annual Meeting. Vancouver, B.C., Canada.

[illegible] importante [illegible], por tanto, a los síntomas de la enfermedad en [illegible] dieta [illegible] en [illegible] podría [illegible] mitigar los síntomas.

Para comprobar si esta posibilidad era [illegible] investigadores de la [illegible] que también se encuentran estos organismos [illegible] también [illegible] enfermo [illegible] de hecho [illegible] de [illegible]

[illegible] los que [illegible] entre el [illegible] de las [illegible] los investigadores [illegible] lo que [illegible] de estos organismos.

Los estudios apuntan a que una [illegible] de la dieta de los niños [illegible] de [illegible] de los que [illegible] se [illegible] todo el mundo [illegible] a mejorar los [illegible] que [illegible] de un [illegible] inteligente intervención de [illegible] en buen sentido [illegible]

[illegible] graves [illegible] ser utilizada con prudencia en los niños [illegible] es [illegible] que estos estudios han [illegible]

[illegible] de diciembre de [illegible]

[illegible]

ASTUTAS BACTERIAS RESISTENTES

En caso de estar infectados por una de estas cepas de bacterias, ya no tendremos esa última oportunidad

EL PROBLEMA DE las "superbacterias" resistentes a numerosos antibióticos sigue dando muchos quebraderos de cabeza a la comunidad médica y biocientífica. Una de las bacterias más peligrosas es el estafilococo áureo (e. áureo) MRSA, resistente a todas las penicilinas y también a los antibióticos de la familia de las cefalosporinas.

Esta bacteria, que causa decenas de miles de muertes al año en todo el mundo, es particularmente peligrosa en lugares como hospitales o residencias de ancianos, centros en los que el estado de salud de sus moradores no es precisamente óptimo; sus defensas están bajas, y donde, además, se suelen encontrar personas con llagas o heridas, o a las que frecuentemente se debe abrir una vía en vena para inyectarles medicación. Estas circunstancias favorecen la infección bacteriana.

Si se produce una infección con e. áureo MRSA, y el sistema inmune por sí solo no puede vencerla, existen afortunadamente antibióticos llamados de "última oportunidad". El nombre es evocador. Uno de estos antibióticos es la daptomicina. Este antibiótico es un compuesto natural, formado por una parte lipídica y una parte proteica, producido curiosamente por otra bacteria: *Streptomyces roseosporus*. Esta bacteria vive de la materia en descomposición y, por ello, presumiblemente, lo usa para luchar contra bacterias enemigas.

La daptomicina tiene un modo interesante de actuar, que asemeja al de algunas proteínas de nuestro propio sistema inmune antibacteriano. Gracias a su parte lipídica, el antibiótico es capaz de insertarse en la membrana también lipídica de las bacterias. Una vez insertadas varias moléculas de daptomicina, estas se agregan entre sí y acaban por formar un poro que pone en contacto la parte interior de la bacteria con el exterior: la bacteria pierde electrolitos y nutrientes por el poro, y finalmente muere.

A pesar de que la daptomicina es muy eficaz para dañar a las bacterias, alrededor del 20% de las diferentes cepas de e. áureos MRSA han desarrollado igualmente resistencia frente a este antibiótico de última oportunidad. Esto, obviamente, quiere decir que, en caso de estar infectados por una de estas cepas de bacterias, ya no tendremos esa última oportunidad.

DISTRACCIÓN MORTAL

Por esta razón, averiguar cómo se las arreglan las cepas resistentes a la daptomicina para conseguir ser inmunes a su acción reviste una importancia vital. Este objetivo es el que se propusieron un grupo de investigadores del *Imperial College* de Londres, quienes publican sus descubrimientos en la revista *Nature microbiology*[1].

Lo que revelan estos estudios sobre la vida y astucia molecular de estas bacterias es realmente fascinante, a pesar del peligro que presentan. Los investigadores revelan que los e. áureos MRSA resistentes a la daptomicina utilizan una distracción, un cebo, para atraer a las moléculas de daptomicina de manera que no se unan a su membrana y no puedan generar los poros que acabarían con ellos. El cebo está formado por las mismas moléculas de lípidos presentes en las membranas bacterianas que la daptomicina utiliza para insertarse y generar poros en ellas. Estas moléculas son secretadas por las bacterias al exterior con la intención de atraer hacia ellas a la daptomicina, inactivarla, y protegerlas de su actividad bactericida.

Los investigadores conocen que la resistencia a la daptomicina debe también depender sin más remedio de la presencia y actividad de algunos genes particulares en las bacterias resistentes. Para averiguar de qué genes se trata, los investigadores compararon los genomas de e. áureos resistentes y no resistentes. Esta comparación permitió averiguar que las bacterias resistentes no habían adquirido genes nuevos, como sucede con otros tipos de resistencia a los antibióticos, sino que habían perdido ciertos genes.

---

1 Vera Pader, et al. (2016). Staphylococcus aureus inactivates daptomycin by releasing membrane phospholipids. Nature Microbiology 2, Article number: 16194 (2016). doi:10.1038/nmicrobiol.2016.194. http://www.nature.com/articles/nmicrobiol2016194

Los genes perdidos eran, además, genes importantes. Se trata de los que participan en un sistema llamado sistema de percepción de quorum. Sí, es sorprendente, pero de la misma manera que la existencia de quorum permite tomar determinadas decisiones en las organizaciones humanas, la existencia de una cierta densidad de población bacteriana (al fin y al cabo, el quorum se trata de eso) capacita a las bacterias para tomar igualmente ciertas decisiones encaminadas a su mejor supervivencia. Estas decisiones conllevan modificaciones en el funcionamiento de genes que permiten adaptarse a los cambios poblacionales, los cuales pueden conllevar modificaciones en la cantidad y calidad de los nutrientes.

El mecanismo de percepción de quorum depende de la secreción de ciertas moléculas bacterianas que, al ser detectadas por todas las bacterias de la población, causan cambios coordinados en el funcionamiento de los genes en todas ellas. En el fondo, las bacterias no son células aisladas, sino que se comunican unas con otras de manera que la población entera pueda adaptarse a los cambios del ambiente. Esta comunicación permite, entre otras cosas, un ataque general coordinado mediante la liberación de toxinas que dañan a las células.

Los científicos descubren que este sistema de percepción de quorum interfiere con el mecanismo de producción de cebos contra la daptomicina. Al parecer, algunas de las toxinas cuya producción es inducida por el sistema de percepción de quorum, paradójicamente, protegen a la daptomicina y esta no puede ser inactivada por los cebos secretados al exterior.

Los investigadores descubren también, afortunadamente, que un antibiótico de la familia de la penicilina impide la producción de cebos contra la daptomicina. Aunque estas bacterias son resistentes a ese antibiótico cuando se usa solo, en conjunción con la daptomicina podría ser eficaz para permitir la acción de esta última, lo que podría salvar miles de vidas.

11 de diciembre de 2016

DEFENSAS CIRCADIANAS

Los linfocitos T y B no circulan en la sangre en los mismos números de día o de noche

COMO SABEMOS, LOS procesos celulares y orgánicos que nos mantienen vivos son, en su mayoría, inconscientes. Muchos de estos procesos están, como también lo están los procesos conscientes, bajo el control del sistema nervioso. En el caso de los procesos inconscientes, una parte del sistema nervioso que resulta fundamental para controlarlos es el llamado sistema nervioso adrenérgico.

Las neuronas del sistema nervioso adrenérgico se comunican entre sí y con células de otros órganos mediante dos neurotransmisores principales: la conocida adrenalina (que también funciona como una hormona) y la noradrenalina, dos moléculas químicamente muy relacionadas (para quien quiera saberlo, solo se diferencian en la presencia de un grupo metilo, $-CH_3$, unido al único átomo de nitrógeno presente en ambas moléculas). Ambas moléculas derivan de uno de los aminoácidos de las proteínas (la fenilalanina), el cual debemos ingerir con los alimentos, puesto que no podemos fabricarlo en nuestro metabolismo.

El sistema nervioso adrenérgico forma parte del sistema nervioso simpático, el cual controla procesos como la frecuencia cardiaca o la contracción de los músculos lisos que rodean los vasos sanguíneos, lo que afecta a la presión de la sangre. Este sistema es igualmente el responsable de la respuesta de lucha o huida frente al peligro.

Por supuesto, existen también otros procesos bien conocidos que funcionan de manera inconsciente, como la digestión, la expulsión de orina, o la dilatación de las pupilas. Pocos consideran, sin embargo, que otro proceso inconsciente que resulta también fundamental para el mantenimiento de la vida es el funcionamiento del sistema inmune. Este sistema se encarga de patrullar y vigilar todo el organismo en busca de posibles enemigos microbianos que puedan dañarlo, y desempeña esta misión con alta eficacia, sin que nosotros tengamos que hacer nada voluntariamente para conseguirlo, claro está.

De hecho, estudios recientes han descubierto que no solo el funcionamiento general del sistema inmune es inconsciente, sino que existen ciertos procesos particulares del mismo que aumentan su eficacia y que igualmente funcionan de manera inconsciente. Entre ellos, un aspecto muy interesante y misterioso es que los linfocitos T y B, los dos linfocitos más importantes de las defensas contra virus y bacterias, no circulan en la sangre en los mismos números de día o de noche.

Los linfocitos T y B no detectan a virus y bacterias enemigos directamente, sino que estos les tienen que ser presentados por otras células del sistema inmune, llamadas células presentadoras de antígenos, las cuales sí están especializadas en su detección directa. Solo cuando las células presentadoras de antígenos muestran componentes moleculares de los enemigos que han detectado a los linfocitos T y B estos se activan y ponen en marcha una serie de asombrosos mecanismos moleculares y celulares para eliminarlos. Este proceso de presentación de antígenos se lleva a cabo en lugares del organismo especializados. Estos lugares no son otros que los ganglios linfáticos, los cuales podemos notar en ocasiones hinchados (en particular los del cuello) si estamos sufriendo algún tipo de enfermedad infecciosa. Esta hinchazón se debe a un activo proceso de presentación de antígenos y de activación de linfocitos en dichos ganglios.

Una vez activados en los ganglios, los linfocitos los abandonan y salen a la sangre donde se enfrentarán con el enemigo que les ha sido presentado y lo eliminarán. Por esta razón, el número de linfocitos en la sangre suele incrementarse en el caso de sufrir algún proceso infeccioso. Lo que resulta una sorpresa es que, incluso en un estado de perfecta salud, el número de linfocitos en la sangre fluctúa de manera periódica entre el día y la noche siguiendo un ritmo circadiano, otro más de los muchos ritmos circadianos que nuestro organismo obedece de manera inconsciente.

ENCUENTROS EN LA NOCHE

¿Qué sucede con los linfocitos que se encuentran en la sangre durante el día, pero no durante la noche? Investigadores de la Universidad de Osaka, en Japón, estudiaron este tema y descubrieron que, al menos en los ratones de laboratorio, durante la noche los linfocitos se acumulan en los ganglios linfáticos en mayores números que durante el día, cuando sí se encuentran en mayores números en la sangre[1].

La acumulación de linfocitos en los ganglios linfáticos durante la noche podía obedecer a que es entonces cuando más eficaz resulta la presentación de los antígenos captados durante el día. Sin embargo, esta idea no pareció ser corroborada por los experimentos realizados, ya que los ratones activaron mejor sus linfocitos si estos eran vacunados contra algún microorganismo por la noche. Los investigadores se dieron cuenta entonces de que los ratones, aun los de laboratorio, al ser criaturas nocturnas, van a encontrarse con enemigos microbianos más probablemente durante la noche, y que posiblemente es por esa razón por la que más linfocitos se encuentran entonces en los ganglios linfáticos, en busca de enemigos que les sean presentados.

¿Cómo saben los linfocitos cuándo es de día y cuándo de noche para acudir o no a los ganglios linfáticos? Los científicos revelan que lo saben gracias a la acción de la noradrenalina, liberada por las neuronas que inervan los ganglios linfáticos. La liberación de esta hormona por estas neuronas del sistema nervioso adrenérgico estimula la retención de los linfocitos en dichos ganglios. Cuando este neurotransmisor deja de ser liberado en la misma cantidad durante el día, los linfocitos abandonan los ganglios.

Estos interesantes descubrimientos pueden ser de utilidad a la hora de administrar vacunas, o cuando necesitamos estimular o inhibir el sistema inmune de manera controlada, por ejemplo, para evitar el rechazo de un trasplante. La ciencia no deja nunca de sorprendernos, de día y de noche.

18 de diciembre de 2016

1 Kazuhiro Suzuki. Adrenergic control of the adaptive immune response by diurnal lymphocyte recirculation through lymph nodes http://jem.rupress.org/content/early/2016/10/26/jem.20160723

LA REALIDAD SOBRE LOS AMIGOS IMAGINARIOS

Las consecuencias de la desconexión social son graves y van más allá de los sentimientos

UNA DE LAS mayores sorpresas que recibí durante el servicio militar fue el arresto de una piscina. La piscina había sido declarada culpable del ahogamiento de un soldado, y arrestada por un periodo, obviamente veraniego, en el que nadie podría bañarse en ella. El escenario me pareció de un enorme infantilismo militar.

Desconozco si estas prácticas, sin fundamento lógico alguno, siguen empleándose hoy en el ejército. Sinceramente, espero que no. Sin embargo, la ciencia ha revelado que muchas personas atribuyen características e intenciones humanas a objetos con los que conviven. Esta tendencia se denomina antropomorfismo. ¿Refleja el antropomorfismo alguna patología mental o forma parte del normal funcionamiento de la mente humana?

Nadie en su sano juicio podrá negar que los humanos tenemos necesidad de sentirnos socialmente conectados. La intensidad de esta tendencia ha sido incluso evaluada por la ciencia moderna, la cual ha revelado la cantidad e intensidad de los esfuerzos que estamos dispuestos a hacer para mantener un número mínimo de interacciones sociales positivas, así como nuestra resistencia a que estas desaparezcan. La tristeza que experimentamos cuando una relación se rompe es un mecanismo psicológico, que ha surgido durante nuestra evolución como especie social, para ayudarnos a mantener en buen estado nuestras relaciones sociales.

Y es que las consecuencias de la desconexión social son graves. Estudios recientes han demostrado fehacientemente que la soledad y la desconexión social están asociadas a una mala salud y a un incremento de la mortalidad. De una manera u otra, todos lo sabemos, por lo que desarrollamos estrategias para evitar sentirnos solos. Algunos establecen una relación íntima con sus mascotas; otros, en su imaginación, con estrellas del cine o de la música; y aún otros, tal vez los que se sienten más solos, atribuyen una vida imaginaria a ciertos seres inanimados de su entorno cotidiano, como el móvil, el cargador de la batería, o incluso, dramáticamente, el cubo de la basura.

Un grupo de investigadores en psicología social de la Universidad de McGill, en Montreal, Canadá, decidió estudiar la asociación entre la desconexión social y la tendencia hacia el antropomorfismo[1]. La hipótesis que deseaban probar o refutar era que, si la soledad estimulaba las tendencias antropomórficas, tal vez que las personas recordaran momentos de sus vidas en las que no habían estado solas las disminuyera. Esto último nunca había sido estudiado en psicología social. Por otra parte, los investigadores incluyeron en sus estudios el efecto de la llamada "ansiedad de apego". Es esta una ansiedad que se manifiesta cuando las personas perciben que una relación personal o social importante está en peligro de romperse. En este estado, las personas temen ser abandonadas y dedican intensos esfuerzos para mantener la relación. En esas circunstancias, la atención que dedican a detectar los síntomas que revelan si sus esfuerzos la mejoran o no se encuentra muy incrementada. Sin embargo, si se percibe que la relación es irrecuperable, este estado de ansiedad se intercambia por otro en el que no solo no se realizan esfuerzos para mantener la relación, sino que se evita ya cualquier aproximación con la otra persona, al estimarse que es imposible recuperarla.

LA HUMANIDAD DE LAS COSAS

Los investigadores realizan un estudio por ordenador con 340 participantes, de los que finalmente solo lo completan 178; no obstante, una cifra elevada. Para evitar sesgos en el comportamiento de los participantes, estos fueron inicialmente engañados sobre el propósito del estudio y se les dijo que su objetivo era analizar la relación entre personalidad, memoria, inteligencia social y percepción visual. De esta manera, se pretendió distanciar a los participantes de sus creencias sobre el tema de estudio real, creencias que podrían influir bien en las respuestas a los cuestionarios

1 Jennifer A. Bartz, Kristina Tchalova, and Can Fenerci (2016). Reminders of Social Connection Can Attenuate Anthropomorphism: A Replication and Extension of Epley, Akalis, Waytz, and Cacioppo (2008). Psycological Science (1-7). http://pss.sagepub.com/content/early/2016/10/24/0956797616668510.abstract

estandarizados a los que se les iba a someter, bien en su comportamiento ante ciertas tareas que se les iba a solicitar realizar.

Antes de que los participantes comenzaran a responder los cuestionarios, que en realidad pretendían estimar el grado en que las personas muestran tendencias antropomórficas, estos fueron evaluados mediante cuestionarios previos que determinaron el grado de conexión social de cada uno. Tras esta evaluación, los participantes fueron inducidos a evocar bien una relación íntima, relación en la que se sentían muy apoyados por la otra persona, bien una relación más distante. La idea era averiguar si evocar uno u otro tipo de relación afectaba a la tendencia hacia el antropomorfismo, al afectar a la sensación de estar más o menos conectados socialmente.

Los científicos realizan una serie de interesantes procedimientos de control de calidad del estudio para asegurarse de que los participantes realizan las tareas con seriedad, ya que de otra manera los resultados no serían de confianza. Aquellos participantes que no superaron estos controles de calidad fueron excluidos.

Los resultados de este estudio demostraron que el sentimiento de soledad aumenta la tendencia hacia el antropomorfismo, pero que recordar una relación humana cercana, lo disminuye. Por otra parte, la ansiedad de apego se vio estrechamente asociada con la tendencia hacia el antropomorfismo: las personas con este rasgo de personalidad fueron las que mostraron mayor tendencia a atribuir cualidades humanas a objetos inanimados.

Estos estudios confirman con contundencia que nuestra mente no está construida para sentirse sola. Necesitamos desesperadamente a los demás. Si estos nos abandonan, la mente se inventa nuevos amigos, aunque sean solo objetos inanimados. Al menos, estos nunca nos abandonarán.

25 de diciembre de 2016

Fin de Quilo de Ciencia, volumen IX

www.ingramcontent.com/pod-product-compliance
Lightning Source LLC
Chambersburg PA
CBHW060833170526
45158CB00001B/157
* 9 7 8 1 3 2 6 8 9 6 8 6 7 *